ADDITION

1 0
+ 5
=

2 2
+ 4
=

3 1
+ 3
=

4 5
+ 5
=

5 3
+ 4
=

6 2
+ 2
=

7 4
+ 4
=

8 4
+ 5
=

9 0
+ 0
=

10 0
+ 5
=

11 4
+ 2
=

12 0
+ 0
=

13 2
+ 2
=

14 1
+ 2
=

15 0
+ 4
=

16 4
+ 3
=

17 1
+ 4
=

18 3
+ 0
=

19 4
+ 3
=

20 1
+ 5
=

21 1
+ 3
=

22 5
+ 2
=

23 3
+ 5
=

24 2
+ 1
=

25 3
+ 4
=

26 0
+ 5
=

27 2
+ 0
=

28 2
+ 4
=

29 1
+ 4
=

30 3
+ 4
=

31 2
+ 4
=

32 4
+ 0
=

1	2	3	4
1 + 3 =	4 + 5 =	5 + 1 =	5 + 5 =

5	6	7	8
0 + 3 =	5 + 0 =	5 + 1 =	4 + 4 =

9	10	11	12
5 + 3 =	3 + 0 =	4 + 4 =	3 + 2 =

13	14	15	16
3 + 1 =	5 + 2 =	5 + 4 =	5 + 4 =

17	18	19	20
0 + 0 =	4 + 1 =	5 + 1 =	1 + 3 =

21	22	23	24
2 + 2 =	1 + 3 =	1 + 5 =	2 + 2 =

25	26	27	28
2 + 1 =	5 + 1 =	4 + 1 =	1 + 1 =

29	30	31	32
2 + 4 =	0 + 2 =	4 + 3 =	1 + 5 =

1   4
+   5
=

2   0
+   2
=

3   2
+   3
=

4   5
+   0
=

5   2
+   4
=

6   0
+   3
=

7   0
+   1
=

8   5
+   4
=

9   2
+   5
=

10   3
+   0
=

11   1
+   0
=

12   1
+   5
=

13   0
+   4
=

14   4
+   1
=

15   1
+   3
=

16   5
+   2
=

17   1
+   4
=

18   0
+   5
=

19   4
+   4
=

20   3
+   0
=

21   5
+   2
=

22   3
+   1
=

23   1
+   4
=

24   4
+   1
=

25   2
+   1
=

26   4
+   2
=

27   1
+   3
=

28   5
+   2
=

29   0
+   2
=

30   1
+   4
=

31   5
+   4
=

32   0
+   0
=

1 1 + 1 =	2 1 + 4 =	3 4 + 4 =	4 4 + 0 =
5 2 + 5 =	6 2 + 4 =	7 5 + 1 =	8 4 + 3 =
9 1 + 1 =	10 4 + 4 =	11 1 + 4 =	12 3 + 0 =
13 0 + 2 =	14 4 + 5 =	15 0 + 0 =	16 0 + 5 =
17 5 + 0 =	18 2 + 0 =	19 3 + 5 =	20 0 + 0 =
21 4 + 3 =	22 3 + 0 =	23 0 + 5 =	24 0 + 0 =
25 5 + 1 =	26 3 + 5 =	27 4 + 0 =	28 2 + 5 =
29 4 + 2 =	30 4 + 1 =	31 1 + 4 =	32 1 + 5 =

1 1 + 4 =	2 1 + 5 =	3 2 + 0 =	4 4 + 5 =
5 1 + 4 =	6 4 + 5 =	7 4 + 3 =	8 3 + 0 =
9 3 + 5 =	10 4 + 5 =	11 4 + 1 =	12 5 + 0 =
13 5 + 5 =	14 3 + 5 =	15 2 + 5 =	16 5 + 3 =
17 0 + 4 =	18 0 + 3 =	19 4 + 2 =	20 4 + 0 =
21 4 + 3 =	22 0 + 2 =	23 5 + 1 =	24 0 + 3 =
25 2 + 3 =	26 0 + 3 =	27 3 + 1 =	28 3 + 0 =
29 1 + 0 =	30 0 + 4 =	31 0 + 1 =	32 5 + 4 =

1 $\quad 5$ $+\ \underline{\ 4\ }$ $=$	2 $\quad 5$ $+\ \underline{\ 3\ }$ $=$	3 $\quad 3$ $+\ \underline{\ 2\ }$ $=$	4 $\quad 2$ $+\ \underline{\ 3\ }$ $=$
5 $\quad 3$ $+\ \underline{\ 3\ }$ $=$	6 $\quad 3$ $+\ \underline{\ 3\ }$ $=$	7 $\quad 1$ $+\ \underline{\ 4\ }$ $=$	8 $\quad 1$ $+\ \underline{\ 3\ }$ $=$
9 $\quad 0$ $+\ \underline{\ 1\ }$ $=$	10 $\quad 2$ $+\ \underline{\ 3\ }$ $=$	11 $\quad 1$ $+\ \underline{\ 1\ }$ $=$	12 $\quad 0$ $+\ \underline{\ 4\ }$ $=$
13 $\quad 0$ $+\ \underline{\ 1\ }$ $=$	14 $\quad 5$ $+\ \underline{\ 4\ }$ $=$	15 $\quad 0$ $+\ \underline{\ 0\ }$ $=$	16 $\quad 5$ $+\ \underline{\ 0\ }$ $=$
17 $\quad 5$ $+\ \underline{\ 4\ }$ $=$	18 $\quad 2$ $+\ \underline{\ 3\ }$ $=$	19 $\quad 5$ $+\ \underline{\ 0\ }$ $=$	20 $\quad 2$ $+\ \underline{\ 0\ }$ $=$
21 $\quad 1$ $+\ \underline{\ 0\ }$ $=$	22 $\quad 4$ $+\ \underline{\ 2\ }$ $=$	23 $\quad 5$ $+\ \underline{\ 4\ }$ $=$	24 $\quad 2$ $+\ \underline{\ 0\ }$ $=$
25 $\quad 2$ $+\ \underline{\ 0\ }$ $=$	26 $\quad 3$ $+\ \underline{\ 0\ }$ $=$	27 $\quad 1$ $+\ \underline{\ 3\ }$ $=$	28 $\quad 4$ $+\ \underline{\ 3\ }$ $=$
29 $\quad 3$ $+\ \underline{\ 3\ }$ $=$	30 $\quad 1$ $+\ \underline{\ 4\ }$ $=$	31 $\quad 4$ $+\ \underline{\ 0\ }$ $=$	32 $\quad 5$ $+\ \underline{\ 4\ }$ $=$

1	2	3	4
2 + 3 =	2 + 1 =	3 + 5 =	1 + 3 =

5	6	7	8
0 + 4 =	1 + 3 =	1 + 0 =	1 + 0 =

9	10	11	12
0 + 2 =	3 + 1 =	1 + 4 =	4 + 1 =

13	14	15	16
2 + 3 =	1 + 3 =	3 + 3 =	3 + 2 =

17	18	19	20
5 + 0 =	4 + 3 =	1 + 3 =	0 + 4 =

21	22	23	24
2 + 5 =	1 + 2 =	1 + 1 =	5 + 5 =

25	26	27	28
5 + 4 =	1 + 3 =	3 + 5 =	3 + 2 =

29	30	31	32
0 + 2 =	3 + 2 =	3 + 5 =	0 + 1 =

Time
.....:.....

TEST
8

Score
...../32

1   4
+   2
=

2   1
+   5
=

3   4
+   1
=

4   3
+   0
=

5   2
+   1
=

6   5
+   0
=

7   3
+   1
=

8   0
+   2
=

9   0
+   5
=

10   4
+   0
=

11   5
+   4
=

12   3
+   2
=

13   2
+   4
=

14   2
+   2
=

15   0
+   2
=

16   4
+   4
=

17   5
+   3
=

18   0
+   0
=

19   5
+   1
=

20   1
+   3
=

21   3
+   5
=

22   5
+   1
=

23   2
+   2
=

24   3
+   0
=

25   1
+   5
=

26   0
+   0
=

27   2
+   0
=

28   4
+   2
=

29   0
+   1
=

30   1
+   3
=

31   0
+   3
=

32   3
+   0
=

1 5 + 2 =	2 3 + 4 =	3 0 + 4 =	4 0 + 4 =
5 4 + 3 =	6 0 + 1 =	7 4 + 2 =	8 4 + 5 =
9 0 + 1 =	10 4 + 4 =	11 4 + 3 =	12 2 + 3 =
13 1 + 2 =	14 3 + 2 =	15 4 + 0 =	16 0 + 0 =
17 4 + 0 =	18 0 + 5 =	19 5 + 5 =	20 1 + 1 =
21 5 + 4 =	22 2 + 2 =	23 4 + 5 =	24 3 + 1 =
25 3 + 4 =	26 1 + 4 =	27 3 + 1 =	28 1 + 5 =
29 4 + 2 =	30 0 + 5 =	31 1 + 0 =	32 4 + 4 =

Time
....:....

TEST 10

Score
...../32

1. 3 + 3 =	2. 5 + 1 =

1.   3
+   3
=

2.   5
+   1
=

3.   4
+   2
=

4.   3
+   1
=

5.   3
+   4
=

6.   2
+   2
=

7.   1
+   0
=

8.   2
+   3
=

9.   3
+   4
=

10.   0
+   5
=

11.   4
+   1
=

12.   5
+   5
=

13.   3
+   5
=

14.   4
+   5
=

15.   2
+   4
=

16.   0
+   3
=

17.   5
+   3
=

18.   5
+   5
=

19.   1
+   0
=

20.   2
+   1
=

21.   3
+   1
=

22.   3
+   1
=

23.   2
+   5
=

24.   2
+   2
=

25.   2
+   1
=

26.   5
+   1
=

27.   0
+   4
=

28.   0
+   5
=

29.   0
+   0
=

30.   0
+   1
=

31.   1
+   0
=

32.   3
+   2
=

1 2 + 7 =	2 8 + 0 =	3 2 + 3 =	4 6 + 5 =

1   2
+   7
=

2   8
+   0
=

3   2
+   3
=

4   6
+   5
=

5   6
+   5
=

6   8
+   4
=

7   6
+   6
=

8   0
+   6
=

9   8
+   6
=

10   6
+   4
=

11   2
+   7
=

12   4
+   7
=

13   6
+   2
=

14   7
+   1
=

15   6
+   7
=

16   5
+   6
=

17   8
+   3
=

18   4
+   4
=

19   0
+   7
=

20   8
+   8
=

21   5
+   2
=

22   4
+   1
=

23   5
+   4
=

24   3
+   5
=

25   5
+   3
=

26   6
+   1
=

27   3
+   3
=

28   4
+   4
=

29   7
+   3
=

30   5
+   3
=

31   5
+   8
=

32   1
+   8
=

1 5 + 8 =	2 0 + 2 =	3 1 + 7 =	4 4 + 3 =
5 1 + 7 =	6 8 + 7 =	7 6 + 4 =	8 5 + 3 =
9 8 + 1 =	10 8 + 0 =	11 6 + 4 =	12 5 + 1 =
13 5 + 6 =	14 5 + 2 =	15 5 + 0 =	16 8 + 5 =
17 5 + 1 =	18 1 + 3 =	19 1 + 1 =	20 6 + 4 =
21 3 + 7 =	22 4 + 0 =	23 2 + 1 =	24 7 + 1 =
25 4 + 2 =	26 5 + 8 =	27 6 + 0 =	28 3 + 5 =
29 2 + 5 =	30 3 + 4 =	31 2 + 7 =	32 6 + 8 =

1 $\quad$ 6 + 6 =	2 $\quad$ 8 + 2 =	3 $\quad$ 0 + 3 =	4 $\quad$ 7 + 7 =
5 $\quad$ 0 + 2 =	6 $\quad$ 2 + 1 =	7 $\quad$ 6 + 7 =	8 $\quad$ 4 + 6 =
9 $\quad$ 6 + 0 =	10 $\quad$ 4 + 6 =	11 $\quad$ 1 + 3 =	12 $\quad$ 2 + 1 =
13 $\quad$ 8 + 4 =	14 $\quad$ 0 + 7 =	15 $\quad$ 7 + 2 =	16 $\quad$ 8 + 3 =
17 $\quad$ 1 + 1 =	18 $\quad$ 8 + 7 =	19 $\quad$ 6 + 2 =	20 $\quad$ 4 + 6 =
21 $\quad$ 7 + 5 =	22 $\quad$ 5 + 3 =	23 $\quad$ 1 + 7 =	24 $\quad$ 0 + 0 =
25 $\quad$ 5 + 4 =	26 $\quad$ 1 + 8 =	27 $\quad$ 4 + 0 =	28 $\quad$ 0 + 6 =
29 $\quad$ 6 + 0 =	30 $\quad$ 2 + 7 =	31 $\quad$ 5 + 1 =	32 $\quad$ 5 + 2 =

1	2	3	4
4	1	4	0
+ 1	+ 2	+ 6	+ 6
=	=	=	=

5	6	7	8
1	7	6	1
+ 7	+ 4	+ 5	+ 4
=	=	=	=

9	10	11	12
8	5	7	8
+ 4	+ 4	+ 0	+ 8
=	=	=	=

13	14	15	16
8	5	4	0
+ 7	+ 1	+ 4	+ 2
=	=	=	=

17	18	19	20
7	7	0	5
+ 4	+ 0	+ 7	+ 1
=	=	=	=

21	22	23	24
4	8	0	6
+ 1	+ 5	+ 5	+ 3
=	=	=	=

25	26	27	28
5	6	0	2
+ 7	+ 4	+ 8	+ 7
=	=	=	=

29	30	31	32
8	5	6	6
+ 6	+ 7	+ 7	+ 2
=	=	=	=

1 1 + 1 =	2 3 + 0 =	3 8 + 7 =	4 7 + 1 =
5 7 + 5 =	6 1 + 4 =	7 6 + 8 =	8 5 + 2 =
9 1 + 4 =	10 5 + 2 =	11 4 + 6 =	12 4 + 4 =
13 4 + 8 =	14 7 + 2 =	15 0 + 2 =	16 7 + 4 =
17 5 + 1 =	18 2 + 6 =	19 3 + 8 =	20 4 + 5 =
21 1 + 2 =	22 6 + 0 =	23 3 + 0 =	24 4 + 2 =
25 1 + 4 =	26 7 + 5 =	27 4 + 2 =	28 5 + 2 =
29 0 + 4 =	30 5 + 7 =	31 3 + 2 =	32 4 + 5 =

1
2
+ 6
=

2
4
+ 7
=

3
6
+ 1
=

4
0
+ 2
=

5
6
+ 6
=

6
2
+ 5
=

7
4
+ 1
=

8
6
+ 4
=

9
0
+ 7
=

10
7
+ 0
=

11
2
+ 4
=

12
5
+ 8
=

13
0
+ 4
=

14
0
+ 7
=

15
4
+ 4
=

16
3
+ 0
=

17
5
+ 4
=

18
3
+ 6
=

19
3
+ 4
=

20
5
+ 2
=

21
6
+ 6
=

22
4
+ 2
=

23
6
+ 7
=

24
1
+ 0
=

25
7
+ 5
=

26
8
+ 3
=

27
2
+ 4
=

28
1
+ 1
=

29
4
+ 2
=

30
2
+ 7
=

31
8
+ 7
=

32
5
+ 0
=

1 1 + 7 =	2 5 + 0 =	3 5 + 6 =	4 8 + 7 =
5 0 + 1 =	6 0 + 6 =	7 3 + 2 =	8 0 + 7 =
9 5 + 3 =	10 3 + 2 =	11 2 + 6 =	12 6 + 1 =
13 3 + 5 =	14 5 + 8 =	15 7 + 7 =	16 8 + 6 =
17 8 + 3 =	18 2 + 6 =	19 8 + 8 =	20 3 + 6 =
21 2 + 0 =	22 4 + 0 =	23 0 + 7 =	24 2 + 4 =
25 3 + 7 =	26 2 + 0 =	27 4 + 8 =	28 8 + 0 =
29 7 + 1 =	30 0 + 7 =	31 6 + 0 =	32 1 + 7 =

1	2
+	5
=	

2	1
+	1
=	

3	2
+	8
=	

4	1
+	3
=	

5	1
+	2
=	

6	3
+	5
=	

7	1
+	3
=	

8	5
+	7
=	

9	2
+	2
=	

10	2
+	1
=	

11	5
+	0
=	

12	4
+	5
=	

13	3
+	7
=	

14	7
+	5
=	

15	3
+	8
=	

16	3
+	1
=	

17	0
+	3
=	

18	0
+	3
=	

19	3
+	0
=	

20	8
+	0
=	

21	4
+	0
=	

22	8
+	5
=	

23	3
+	3
=	

24	8
+	0
=	

25	7
+	4
=	

26	4
+	6
=	

27	7
+	4
=	

28	8
+	4
=	

29	7
+	4
=	

30	3
+	4
=	

31	8
+	7
=	

32	7
+	2
=	

1 1 + 7 =	2 2 + 7 =	3 3 + 5 =	4 4 + 4 =
5 6 + 7 =	6 6 + 0 =	7 7 + 4 =	8 7 + 6 =
9 0 + 4 =	10 3 + 6 =	11 0 + 1 =	12 1 + 4 =
13 4 + 3 =	14 6 + 1 =	15 6 + 3 =	16 1 + 6 =
17 1 + 8 =	18 1 + 6 =	19 5 + 0 =	20 2 + 0 =
21 8 + 2 =	22 7 + 7 =	23 8 + 8 =	24 4 + 1 =
25 7 + 2 =	26 8 + 3 =	27 1 + 8 =	28 4 + 5 =
29 0 + 2 =	30 4 + 1 =	31 2 + 7 =	32 5 + 7 =

1) 0
   + 4
   =

2) 6
   + 0
   =

3) 6
   + 4
   =

4) 2
   + 1
   =

5) 7
   + 2
   =

6) 8
   + 3
   =

7) 6
   + 7
   =

8) 6
   + 2
   =

9) 7
   + 7
   =

10) 8
   + 6
   =

11) 1
   + 7
   =

12) 2
   + 0
   =

13) 8
   + 2
   =

14) 7
   + 3
   =

15) 5
   + 4
   =

16) 0
   + 1
   =

17) 6
   + 1
   =

18) 6
   + 3
   =

19) 4
   + 1
   =

20) 1
   + 7
   =

21) 8
   + 1
   =

22) 8
   + 4
   =

23) 1
   + 8
   =

24) 3
   + 0
   =

25) 2
   + 6
   =

26) 4
   + 3
   =

27) 8
   + 7
   =

28) 3
   + 3
   =

29) 7
   + 7
   =

30) 7
   + 3
   =

31) 5
   + 7
   =

32) 7
   + 1
   =

1	10	2	6	3	1	4	7
+	8	+	10	+	1	+	4
=		=		=		=	

5	5	6	0	7	9	8	4
+	1	+	4	+	2	+	1
=		=		=		=	

9	3	10	0	11	2	12	6
+	8	+	6	+	8	+	10

13	6	14	4	15	5	16	1
+	4	+	1	+	0	+	1
=		=		=		=	

17	10	18	9	19	0	20	5
+	8	+	6	+	5	+	10
=		=		=		=	

21	6	22	6	23	6	24	10
+	4	+	5	+	3	+	2
=		=		=		=	

25	6	26	7	27	10	28	10
+	9	+	1	+	5	+	5
=		=		=		=	

29	8	30	8	31	9	32	7
+	4	+	5	+	1	+	6
=		=		=		=	

1	10	2	6	3	7	4	2
	+ 5		+ 3		+ 6		+ 3
	=		=		=		=

5	10	6	2	7	1	8	10
	+ 4		+ 0		+ 2		+ 1
	=		=		=		=

| 9 | 8 | 10 | 4 | 11 | 8 | 12 | 7 |
| | + 2 | | + 2 | | + 6 | | + 7 |

13	7	14	7	15	3	16	5
	+ 8		+ 3		+ 9		+ 0
	=		=		=		=

17	5	18	6	19	6	20	7
	+ 3		+ 3		+ 1		+ 7
	=		=		=		=

21	8	22	10	23	10	24	10
	+ 8		+ 5		+ 7		+ 2
	=		=		=		=

25	3	26	0	27	6	28	10
	+ 2		+ 5		+ 9		+ 5
	=		=		=		=

29	7	30	5	31	0	32	6
	+ 4		+ 9		+ 5		+ 5
	=		=		=		=

1
$$\begin{array}{r} 5 \\ + \ 8 \\ \hline = \end{array}$$

2
$$\begin{array}{r} 2 \\ + \ 3 \\ \hline = \end{array}$$

3
$$\begin{array}{r} 9 \\ + \ 0 \\ \hline = \end{array}$$

4
$$\begin{array}{r} 3 \\ + \ 8 \\ \hline = \end{array}$$

5
$$\begin{array}{r} 5 \\ + \ 2 \\ \hline = \end{array}$$

6
$$\begin{array}{r} 8 \\ + \ 6 \\ \hline = \end{array}$$

7
$$\begin{array}{r} 6 \\ + \ 10 \\ \hline = \end{array}$$

8
$$\begin{array}{r} 8 \\ + \ 6 \\ \hline = \end{array}$$

9
$$\begin{array}{r} 6 \\ + \ 0 \\ \hline \end{array}$$

10
$$\begin{array}{r} 7 \\ + \ 2 \\ \hline \end{array}$$

11
$$\begin{array}{r} 8 \\ + \ 1 \\ \hline \end{array}$$

12
$$\begin{array}{r} 6 \\ + \ 2 \\ \hline \end{array}$$

13
$$\begin{array}{r} 0 \\ + \ 2 \\ \hline = \end{array}$$

14
$$\begin{array}{r} 7 \\ + \ 9 \\ \hline = \end{array}$$

15
$$\begin{array}{r} 2 \\ + \ 1 \\ \hline = \end{array}$$

16
$$\begin{array}{r} 1 \\ + \ 9 \\ \hline = \end{array}$$

17
$$\begin{array}{r} 5 \\ + \ 9 \\ \hline = \end{array}$$

18
$$\begin{array}{r} 1 \\ + \ 1 \\ \hline = \end{array}$$

19
$$\begin{array}{r} 10 \\ + \ 10 \\ \hline = \end{array}$$

20
$$\begin{array}{r} 5 \\ + \ 1 \\ \hline = \end{array}$$

21
$$\begin{array}{r} 4 \\ + \ 6 \\ \hline = \end{array}$$

22
$$\begin{array}{r} 4 \\ + \ 2 \\ \hline = \end{array}$$

23
$$\begin{array}{r} 7 \\ + \ 0 \\ \hline = \end{array}$$

24
$$\begin{array}{r} 7 \\ + \ 0 \\ \hline = \end{array}$$

25
$$\begin{array}{r} 5 \\ + \ 5 \\ \hline = \end{array}$$

26
$$\begin{array}{r} 1 \\ + \ 3 \\ \hline = \end{array}$$

27
$$\begin{array}{r} 4 \\ + \ 0 \\ \hline = \end{array}$$

28
$$\begin{array}{r} 4 \\ + \ 10 \\ \hline = \end{array}$$

29
$$\begin{array}{r} 8 \\ + \ 6 \\ \hline = \end{array}$$

30
$$\begin{array}{r} 1 \\ + \ 6 \\ \hline = \end{array}$$

31
$$\begin{array}{r} 0 \\ + \ 0 \\ \hline = \end{array}$$

32
$$\begin{array}{r} 7 \\ + \ 4 \\ \hline = \end{array}$$

1 $\quad$ 10 + $\quad$ 2 =	2 $\quad$ 10 + $\quad$ 7 =	3 $\quad$ 4 + $\quad$ 10 =	4 $\quad$ 7 + $\quad$ 2 =
5 $\quad$ 5 + $\quad$ 1 =	6 $\quad$ 6 + $\quad$ 1 =	7 $\quad$ 9 + $\quad$ 6 =	8 $\quad$ 6 + $\quad$ 5 =
9 $\quad$ 9 + $\quad$ 4	10 $\quad$ 4 + $\quad$ 7	11 $\quad$ 6 + $\quad$ 0	12 $\quad$ 3 + $\quad$ 0
13 $\quad$ 5 + $\quad$ 6 =	14 $\quad$ 6 + $\quad$ 6 =	15 $\quad$ 1 + $\quad$ 8 =	16 $\quad$ 1 + $\quad$ 9 =
17 $\quad$ 3 + $\quad$ 0 =	18 $\quad$ 10 + $\quad$ 0 =	19 $\quad$ 9 + $\quad$ 1 =	20 $\quad$ 4 + $\quad$ 0 =
21 $\quad$ 3 + $\quad$ 6 =	22 $\quad$ 0 + $\quad$ 0 =	23 $\quad$ 6 + $\quad$ 0 =	24 $\quad$ 2 + $\quad$ 4 =
25 $\quad$ 1 + $\quad$ 2 =	26 $\quad$ 4 + $\quad$ 5 =	27 $\quad$ 0 + $\quad$ 10 =	28 $\quad$ 4 + $\quad$ 6 =
29 $\quad$ 10 + $\quad$ 9 =	30 $\quad$ 5 + $\quad$ 4 =	31 $\quad$ 1 + $\quad$ 5 =	32 $\quad$ 5 + $\quad$ 10 =

#			#			#			#		
1	2 + 6 =		2	10 + 1 =		3	5 + 8 =		4	9 + 3 =	
5	3 + 5 =		6	10 + 8 =		7	2 + 5 =		8	5 + 10 =	
9	2 + 8 =		10	0 + 3 =		11	9 + 3 =		12	10 + 4 =	
13	0 + 0 =		14	2 + 7 =		15	3 + 7 =		16	6 + 2 =	
17	6 + 2 =		18	9 + 6 =		19	3 + 9 =		20	0 + 6 =	
21	6 + 1 =		22	7 + 9 =		23	10 + 4 =		24	4 + 9 =	
25	9 + 8 =		26	6 + 0 =		27	7 + 0 =		28	0 + 0 =	
29	5 + 8 =		30	5 + 6 =		31	4 + 9 =		32	2 + 4 =	

1.
$$3 + 4 =$$

2.
$$1 + 4 =$$

3.
$$1 + 6 =$$

4.
$$2 + 6 =$$

5.
$$3 + 4 =$$

6.
$$8 + 1 =$$

7.
$$5 + 1 =$$

8.
$$8 + 6 =$$

9.
$$8 + 3 =$$

10.
$$5 + 2 =$$

11.
$$4 + 2 =$$

12.
$$1 + 7 =$$

13.
$$8 + 7 =$$

14.
$$8 + 6 =$$

15.
$$6 + 3 =$$

16.
$$4 + 5 =$$

17.
$$3 + 7 =$$

18.
$$6 + 4 =$$

19.
$$6 + 1 =$$

20.
$$2 + 10 =$$

21.
$$2 + 8 =$$

22.
$$10 + 2 =$$

23.
$$2 + 1 =$$

24.
$$0 + 5 =$$

25.
$$1 + 3 =$$

26.
$$1 + 9 =$$

27.
$$3 + 7 =$$

28.
$$3 + 10 =$$

29.
$$4 + 6 =$$

30.
$$8 + 3 =$$

31.
$$4 + 0 =$$

32.
$$0 + 10 =$$

1	9
+	5
=	

2	5
+	6
=	

3	8
+	8
=	

4	4
+	3
=	

5	10
+	7
=	

6	3
+	3
=	

7	7
+	1
=	

8	5
+	8
=	

9	8
+	10
=	

10	9
+	0
=	

11	5
+	2
=	

12	10
+	4
=	

13	3
+	10
=	

14	7
+	0
=	

15	2
+	8
=	

16	1
+	5
=	

17	4
+	1
=	

18	0
+	4
=	

19	9
+	7
=	

20	3
+	1
=	

21	6
+	3
=	

22	0
+	9
=	

23	9
+	9
=	

24	5
+	4
=	

25	8
+	6
=	

26	7
+	5
=	

27	5
+	6
=	

28	10
+	2
=	

29	6
+	8
=	

30	10
+	10
=	

31	2
+	8
=	

32	0
+	4
=	

1 3 + 10 =	2 6 + 1 =	3 0 + 1 =	4 2 + 2 =
5 4 + 9 =	6 1 + 5 =	7 6 + 8 =	8 1 + 10 =
9 0 + 8	10 10 + 1	11 2 + 0	12 0 + 2
13 10 + 1 =	14 7 + 4 =	15 4 + 10 =	16 4 + 9 =
17 9 + 9 =	18 9 + 2 =	19 5 + 8 =	20 8 + 7 =
21 7 + 0 =	22 7 + 6 =	23 1 + 3 =	24 9 + 2 =
25 7 + 4 =	26 8 + 6 =	27 9 + 6 =	28 0 + 5 =
29 0 + 5 =	30 7 + 1 =	31 5 + 4 =	32 4 + 1 =

1 6 + 8 =	2 5 + 8 =	3 7 + 7 =	4 5 + 4 =
5 7 + 0 =	6 9 + 7 =	7 2 + 1 =	8 8 + 9 =
9 0 + 6	10 4 + 2	11 9 + 7	12 10 + 2
13 9 + 1 =	14 4 + 8 =	15 3 + 5 =	16 9 + 1 =
17 9 + 10 =	18 6 + 5 =	19 2 + 10 =	20 6 + 7 =
21 0 + 3 =	22 8 + 4 =	23 2 + 8 =	24 3 + 1 =
25 7 + 9 =	26 8 + 6 =	27 6 + 4 =	28 9 + 1 =
29 8 + 7 =	30 8 + 10 =	31 8 + 6 =	32 4 + 10 =

#		#		#		#	
1	4 + 5 =	2	0 + 3 =	3	4 + 6 =	4	3 + 2 =
5	6 + 3 =	6	0 + 9 =	7	7 + 4 =	8	5 + 6 =
9	9 + 8	10	1 + 5	11	9 + 1	12	5 + 5
13	4 + 7 =	14	8 + 9 =	15	6 + 9 =	16	1 + 2 =
17	9 + 2 =	18	5 + 10 =	19	4 + 0 =	20	2 + 1 =
21	0 + 6 =	22	3 + 9 =	23	5 + 9 =	24	4 + 1 =
25	8 + 7 =	26	10 + 6 =	27	8 + 2 =	28	5 + 5 =
29	0 + 10 =	30	1 + 5 =	31	10 + 0 =	32	7 + 2 =

1 13	2 12	3 11	4 10
+ 11	+ 15	+ 12	+ 15
=	=	=	=

5 14	6 10	7 11	8 13
+ 14	+ 10	+ 10	+ 10
=	=	=	=

9 15	10 14	11 11	12 13
+ 15	+ 10	+ 13	+ 12
=	=	=	=

13 14	14 14	15 15	16 10
+ 14	+ 11	+ 14	+ 14
=	=	=	=

17 14	18 15	19 15	20 10
+ 12	+ 12	+ 10	+ 10
=	=	=	=

21 14	22 10	23 12	24 14
+ 11	+ 12	+ 10	+ 15
=	=	=	=

25 11	26 11	27 13	28 15
+ 12	+ 13	+ 14	+ 10
=	=	=	=

29 11	30 12	31 12	32 12
+ 13	+ 13	+ 11	+ 14
=	=	=	=

1 12 + 14 =	2 12 + 13 =	3 13 + 13 =	4 15 + 10 =
5 12 + 12 =	6 10 + 12 =	7 11 + 14 =	8 11 + 13 =
9 15 + 12 =	10 12 + 15 =	11 12 + 13 =	12 15 + 10 =
13 15 + 12 =	14 15 + 12 =	15 12 + 14 =	16 14 + 15 =
17 15 + 11 =	18 11 + 10 =	19 11 + 11 =	20 13 + 10 =
21 13 + 13 =	22 13 + 14 =	23 10 + 13 =	24 11 + 11 =
25 12 + 10 =	26 12 + 10 =	27 11 + 13 =	28 12 + 13 =
29 10 + 12 =	30 10 + 14 =	31 11 + 15 =	32 10 + 10 =

1	11	2	12	3	14	4	12
	+ 13		+ 15		+ 11		+ 13
	=		=		=		=

5	12	6	15	7	13	8	12
	+ 15		+ 11		+ 10		+ 12
	=		=		=		=

9	14	10	13	11	14	12	12
	+ 14		+ 11		+ 12		+ 12
	=		=		=		=

13	10	14	10	15	11	16	13
	+ 14		+ 12		+ 13		+ 15
	=		=		=		=

17	14	18	10	19	10	20	12
	+ 14		+ 11		+ 11		+ 12
	=		=		=		=

21	15	22	14	23	10	24	15
	+ 10		+ 13		+ 11		+ 15
	=		=		=		=

25	13	26	10	27	12	28	10
	+ 13		+ 12		+ 14		+ 10
	=		=		=		=

29	13	30	13	31	10	32	12
	+ 14		+ 10		+ 12		+ 11
	=		=		=		=

1   11
+   14
=

2   11
+   10
=

3   11
+   11
=

4   11
+   13
=

5   14
+   14
=

6   12
+   12
=

7   10
+   12
=

8   10
+   11
=

9   10
+   11
=

10   13
+   14
=

11   10
+   10
=

12   10
+   15
=

13   14
+   12
=

14   14
+   15
=

15   12
+   10
=

16   11
+   15
=

17   14
+   11
=

18   11
+   10
=

19   10
+   10
=

20   12
+   10
=

21   14
+   14
=

22   12
+   10
=

23   13
+   11
=

24   11
+   14
=

25   12
+   13
=

26   14
+   15
=

27   13
+   14
=

28   13
+   12
=

29   13
+   15
=

30   12
+   11
=

31   14
+   12
=

32   15
+   14
=

1. 10 + 13 =	2. 13 + 14 =	3. 13 + 14 =	4. 12 + 11 =
5. 15 + 12 =	6. 10 + 12 =	7. 14 + 11 =	8. 10 + 11 =
9. 14 + 10 =	10. 11 + 14 =	11. 15 + 15 =	12. 11 + 11 =
13. 15 + 10 =	14. 13 + 13 =	15. 13 + 13 =	16. 13 + 12 =
17. 15 + 10 =	18. 13 + 10 =	19. 15 + 11 =	20. 13 + 14 =
21. 12 + 15 =	22. 13 + 12 =	23. 11 + 13 =	24. 12 + 15 =
25. 15 + 10 =	26. 12 + 15 =	27. 14 + 11 =	28. 13 + 12 =
29. 15 + 15 =	30. 14 + 10 =	31. 14 + 13 =	32. 15 + 15 =

1 15 + 14 =	2 14 + 14 =	3 11 + 14 =	4 11 + 13 =
5 12 + 11 =	6 10 + 13 =	7 10 + 13 =	8 14 + 13 =
9 15 + 14 =	10 15 + 14 =	11 14 + 14 =	12 11 + 10 =
13 10 + 10 =	14 12 + 14 =	15 12 + 11 =	16 13 + 14 =
17 11 + 13 =	18 11 + 10 =	19 13 + 12 =	20 15 + 11 =
21 10 + 12 =	22 15 + 14 =	23 12 + 11 =	24 12 + 11 =
25 14 + 12 =	26 15 + 13 =	27 14 + 10 =	28 14 + 12 =
29 11 + 10 =	30 14 + 14 =	31 15 + 11 =	32 10 + 14 =

1   11
+   11
=

2   11
+   15
=

3   11
+   15
=

4   13
+   12
=

5   12
+   15
=

6   11
+   11
=

7   10
+   11
=

8   13
+   13
=

9   14
+   10
=

10   10
+   10
=

11   10
+   11
=

12   11
+   11
=

13   14
+   15
=

14   15
+   13
=

15   15
+   11
=

16   12
+   14
=

17   14
+   12
=

18   10
+   15
=

19   15
+   10
=

20   11
+   13
=

21   10
+   10
=

22   13
+   14
=

23   10
+   12
=

24   10
+   12
=

25   10
+   14
=

26   13
+   13
=

27   12
+   11
=

28   13
+   14
=

29   15
+   14
=

30   14
+   10
=

31   14
+   11
=

32   14
+   11
=

1 12 + 15 =	2 10 + 11 =	3 11 + 10 =	4 13 + 15 =
5 12 + 12 =	6 15 + 11 =	7 13 + 15 =	8 15 + 12 =
9 12 + 11 =	10 15 + 13 =	11 14 + 15 =	12 15 + 15 =
13 11 + 10 =	14 10 + 11 =	15 12 + 12 =	16 10 + 11 =
17 12 + 10 =	18 12 + 10 =	19 12 + 13 =	20 13 + 10 =
21 11 + 14 =	22 14 + 13 =	23 10 + 12 =	24 14 + 14 =
25 11 + 10 =	26 11 + 10 =	27 11 + 12 =	28 13 + 13 =
29 13 + 13 =	30 12 + 12 =	31 11 + 15 =	32 10 + 13 =

1	10	2	12	3	12	4	12
	+ 14		+ 10		+ 11		+ 14
	=		=		=		=

5	14	6	10	7	11	8	11
	+ 12		+ 12		+ 10		+ 10
	=		=		=		=

9	11	10	15	11	11	12	11
	+ 13		+ 11		+ 13		+ 15
	=		=		=		=

13	14	14	10	15	14	16	10
	+ 11		+ 15		+ 10		+ 14
	=		=		=		=

17	11	18	14	19	12	20	11
	+ 15		+ 13		+ 10		+ 12
	=		=		=		=

21	11	22	15	23	15	24	15
	+ 15		+ 10		+ 12		+ 11
	=		=		=		=

25	10	26	10	27	10	28	12
	+ 11		+ 12		+ 13		+ 10
	=		=		=		=

29	12	30	10	31	13	32	14
	+ 10		+ 10		+ 15		+ 15
	=		=		=		=

1   11
+   13
=

2   15
+   15
=

3   11
+   12
=

4   10
+   12
=

5   15
+   10
=

6   11
+   13
=

7   14
+   12
=

8   15
+   15
=

9   11
+   13
=

10   12
+   12
=

11   10
+   12
=

12   12
+   13
=

13   13
+   11
=

14   15
+   12
=

15   12
+   10
=

16   10
+   15
=

17   11
+   14
=

18   14
+   12
=

19   11
+   10
=

20   14
+   12
=

21   10
+   12
=

22   11
+   10
=

23   14
+   10
=

24   14
+   15
=

25   15
+   14
=

26   10
+   10
=

27   13
+   10
=

28   10
+   12
=

29   11
+   12
=

30   10
+   11
=

31   10
+   12
=

32   12
+   10
=

| 1 | 13
+ 3
= | 2 | 13
+ 6
= | 3 | 15
+ 7
= | 4 | 12
+ 5
= |

1   13
+   3
=

2   13
+   6
=

3   15
+   7
=

4   12
+   5
=

5   13
+   2
=

6   10
+   1
=

7   11
+   9
=

8   15
+   10
=

9   13
+   4
=

10   14
+   6
=

11   14
+   1
=

12   12
+   5
=

13   11
+   10
=

14   10
+   10
=

15   10
+   3
=

16   12
+   8
=

17   12
+   3
=

18   14
+   6
=

19   12
+   8
=

20   11
+   6
=

21   11
+   6
=

22   12
+   8
=

23   13
+   5
=

24   12
+   5
=

25   13
+   9
=

26   14
+   1
=

27   15
+   5
=

28   14
+   9
=

29   14
+   3
=

30   13
+   2
=

31   12
+   7
=

32   14
+   2
=

1	10 + 5 =	2	10 + 3 =	3	14 + 1 =	4	11 + 10 =
5	13 + 3 =	6	10 + 4 =	7	10 + 3 =	8	11 + 5 =
9	12 + 1 =	10	13 + 5 =	11	10 + 4 =	12	13 + 9 =
13	12 + 6 =	14	10 + 10 =	15	14 + 6 =	16	12 + 6 =
17	13 + 3 =	18	13 + 10 =	19	14 + 7 =	20	15 + 8 =
21	15 + 4 =	22	15 + 3 =	23	13 + 7 =	24	12 + 7 =
25	10 + 4 =	26	10 + 6 =	27	14 + 4 =	28	10 + 10 =
29	14 + 10 =	30	10 + 4 =	31	13 + 9 =	32	13 + 4 =

1   12
+   5
=

2   14
+   7
=

3   13
+   3
=

4   15
+   10
=

5   13
+   5
=

6   13
+   5
=

7   12
+   4
=

8   11
+   3
=

9   14
+   1
=

10   12
+   6
=

11   15
+   3
=

12   13
+   4
=

13   11
+   3
=

14   14
+   6
=

15   15
+   7
=

16   14
+   1
=

17   14
+   10
=

18   11
+   10
=

19   10
+   4
=

20   14
+   3
=

21   15
+   6
=

22   11
+   6
=

23   14
+   3
=

24   10
+   6
=

25   13
+   2
=

26   11
+   7
=

27   14
+   7
=

28   15
+   3
=

29   11
+   2
=

30   14
+   10
=

31   13
+   5
=

32   11
+   2
=

1   14
+   7
=

2   15
+   8
=

3   12
+   9
=

4   12
+   1
=

5   11
+   5
=

6   13
+   4
=

7   12
+   10
=

8   10
+   6
=

9   13
+   4
=

10   15
+   7
=

11   11
+   1
=

12   10
+   1
=

13   14
+   9
=

14   11
+   3
=

15   10
+   5
=

16   14
+   8
=

17   11
+   7
=

18   11
+   2
=

19   11
+   4
=

20   12
+   4
=

21   13
+   10
=

22   10
+   7
=

23   11
+   1
=

24   14
+   6
=

25   10
+   9
=

26   10
+   10
=

27   14
+   8
=

28   14
+   9
=

29   10
+   5
=

30   14
+   5
=

31   13
+   1
=

32   13
+   5
=

1 $\quad 12$ $+ \quad 6$ $=$	**2** $\quad 12$ $+ \quad 9$ $=$	**3** $\quad 10$ $+ \quad 4$ $=$	**4** $\quad 14$ $+ \quad 4$ $=$
5 $\quad 14$ $+ \quad 6$ $=$	**6** $\quad 15$ $+ \quad 9$ $=$	**7** $\quad 13$ $+ \quad 2$ $=$	**8** $\quad 14$ $+ \quad 1$ $=$
9 $\quad 15$ $+ \quad 8$ $=$	**10** $\quad 11$ $+ \quad 5$ $=$	**11** $\quad 13$ $+ \quad 1$ $=$	**12** $\quad 11$ $+ \quad 1$ $=$
13 $\quad 13$ $+ \quad 9$ $=$	**14** $\quad 13$ $+ \quad 9$ $=$	**15** $\quad 15$ $+ \quad 5$ $=$	**16** $\quad 11$ $+ \quad 6$ $=$
17 $\quad 15$ $+ \quad 8$ $=$	**18** $\quad 10$ $+ \quad 7$ $=$	**19** $\quad 14$ $+ \quad 3$ $=$	**20** $\quad 11$ $+ \quad 10$ $=$
21 $\quad 15$ $+ \quad 4$ $=$	**22** $\quad 14$ $+ \quad 5$ $=$	**23** $\quad 12$ $+ \quad 6$ $=$	**24** $\quad 11$ $+ \quad 4$ $=$
25 $\quad 10$ $+ \quad 7$ $=$	**26** $\quad 12$ $+ \quad 7$ $=$	**27** $\quad 15$ $+ \quad 2$ $=$	**28** $\quad 14$ $+ \quad 5$ $=$
29 $\quad 15$ $+ \quad 2$ $=$	**30** $\quad 14$ $+ \quad 1$ $=$	**31** $\quad 10$ $+ \quad 6$ $=$	**32** $\quad 12$ $+ \quad 2$ $=$

1 13 + 10 =	2 13 + 9 =	3 10 + 1 =	4 11 + 2 =
5 14 + 8 =	6 10 + 6 =	7 14 + 1 =	8 13 + 7 =
9 14 + 7 =	10 15 + 2 =	11 14 + 9 =	12 10 + 5 =
13 15 + 7 =	14 13 + 5 =	15 10 + 9 =	16 14 + 2 =
17 12 + 5 =	18 10 + 10 =	19 10 + 4 =	20 11 + 1 =
21 13 + 2 =	22 11 + 4 =	23 14 + 6 =	24 11 + 5 =
25 15 + 3 =	26 15 + 8 =	27 10 + 10 =	28 14 + 10 =
29 14 + 7 =	30 15 + 5 =	31 12 + 6 =	32 11 + 4 =

1 $13 + 8 =$	2 $11 + 8 =$	3 $14 + 4 =$	4 $10 + 10 =$
5 $13 + 5 =$	6 $10 + 10 =$	7 $12 + 3 =$	8 $12 + 7 =$
9 $13 + 7 =$	10 $14 + 10 =$	11 $11 + 1 =$	12 $10 + 6 =$
13 $13 + 10 =$	14 $14 + 2 =$	15 $14 + 10 =$	16 $13 + 9 =$
17 $15 + 8 =$	18 $12 + 9 =$	19 $10 + 7 =$	20 $10 + 3 =$
21 $13 + 7 =$	22 $14 + 5 =$	23 $11 + 1 =$	24 $14 + 3 =$
25 $14 + 2 =$	26 $14 + 6 =$	27 $14 + 1 =$	28 $14 + 4 =$
29 $14 + 2 =$	30 $11 + 6 =$	31 $12 + 2 =$	32 $13 + 8 =$

1 15 + 9 =	2 10 + 8 =	3 11 + 9 =	4 12 + 8 =
5 13 + 5 =	6 14 + 5 =	7 13 + 5 =	8 11 + 5 =
9 15 + 7 =	10 10 + 9 =	11 13 + 2 =	12 15 + 2 =
13 10 + 4 =	14 13 + 7 =	15 15 + 6 =	16 15 + 7 =
17 13 + 8 =	18 11 + 1 =	19 11 + 6 =	20 14 + 7 =
21 15 + 4 =	22 12 + 9 =	23 13 + 9 =	24 12 + 9 =
25 12 + 8 =	26 11 + 4 =	27 15 + 9 =	28 11 + 10 =
29 14 + 2 =	30 15 + 6 =	31 15 + 2 =	32 10 + 9 =

1 15 + 10 =	2 15 + 2 =	3 15 + 3 =	4 13 + 7 =
5 14 + 4 =	6 15 + 10 =	7 11 + 8 =	8 15 + 3 =
9 13 + 10 =	10 11 + 6 =	11 15 + 7 =	12 12 + 1 =
13 13 + 6 =	14 14 + 4 =	15 13 + 6 =	16 14 + 8 =
17 15 + 2 =	18 10 + 5 =	19 10 + 6 =	20 10 + 8 =
21 15 + 1 =	22 13 + 6 =	23 15 + 10 =	24 12 + 1 =
25 13 + 3 =	26 15 + 2 =	27 10 + 6 =	28 12 + 1 =
29 15 + 1 =	30 15 + 3 =	31 14 + 3 =	32 10 + 7 =

1 11 + 2 =	2 12 + 8 =	3 10 + 10 =	4 13 + 8 =
5 10 + 6 =	6 15 + 1 =	7 14 + 10 =	8 10 + 5 =
9 10 + 6 =	10 10 + 5 =	11 13 + 2 =	12 10 + 6 =
13 10 + 8 =	14 12 + 2 =	15 14 + 7 =	16 15 + 2 =
17 11 + 5 =	18 10 + 4 =	19 11 + 9 =	20 11 + 7 =
21 11 + 1 =	22 11 + 1 =	23 10 + 10 =	24 13 + 4 =
25 14 + 1 =	26 13 + 6 =	27 12 + 6 =	28 12 + 2 =
29 14 + 2 =	30 11 + 7 =	31 15 + 10 =	32 11 + 3 =

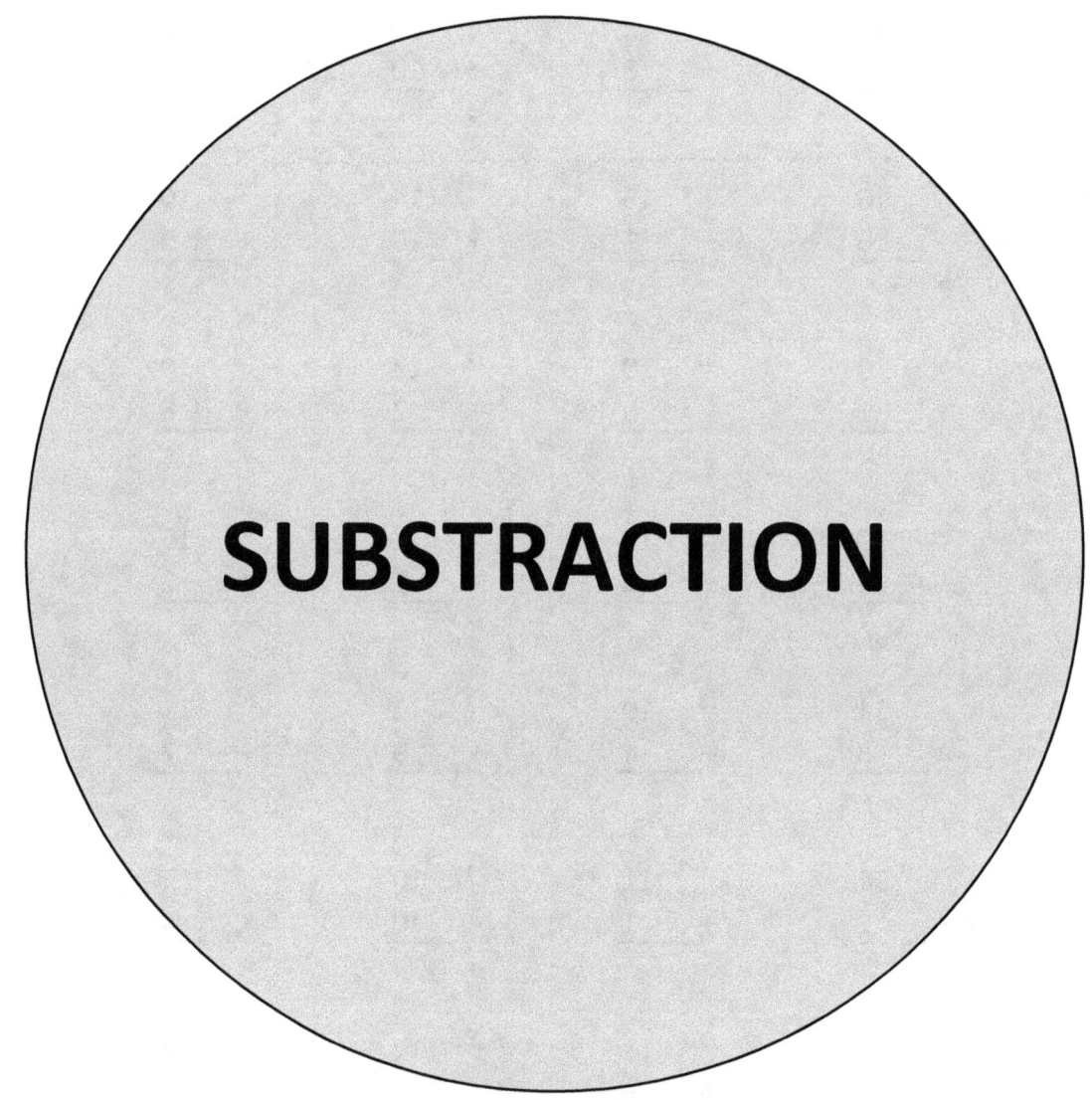

SUBSTRACTION

1 9 - 2 =	2 9 - 0 =	3 8 - 0 =	4 6 - 2 =
5 5 - 0 =	6 9 - 5 =	7 6 - 0 =	8 5 - 3 =
9 9 - 0 =	10 8 - 4 =	11 9 - 5 =	12 9 - 3 =
13 6 - 3 =	14 7 - 1 =	15 6 - 2 =	16 7 - 2 =
17 8 - 4 =	18 9 - 0 =	19 5 - 0 =	20 6 - 3 =
21 5 - 5 =	22 8 - 1 =	23 9 - 5 =	24 9 - 5 =
25 6 - 0 =	26 8 - 0 =	27 7 - 5 =	28 9 - 2 =
29 6 - 4 =	30 5 - 4 =	31 5 - 2 =	32 7 - 5 =

1 5
- 3
=

2 9
- 3
=

3 6
- 1
=

4 8
- 2
=

5 8
- 0
=

6 8
- 1
=

7 3
- 1
=

8 5
- 2
=

9 9
- 3
=

10 6
- 2
=

11 5
- 2
=

12 8
- 2
=

13 9
- 2
=

14 9
- 0
=

15 5
- 1
=

16 9
- 2
=

17 5
- 1
=

18 3
- 2
=

19 8
- 3
=

20 5
- 1
=

21 3
- 0
=

22 5
- 3
=

23 8
- 1
=

24 7
- 2
=

25 6
- 0
=

26 4
- 1
=

27 4
- 3
=

28 6
- 2
=

29 7
- 0
=

30 4
- 0
=

31 5
- 1
=

32 3
- 3
=

1   3
  - 1
  = ___

2   8
  - 2
  = ___

3   5
  - 1
  = ___

4   8
  - 0
  = ___

5   8
  - 1
  = ___

6   4
  - 3
  = ___

7   3
  - 3
  = ___

8   4
  - 2
  = ___

9   5
  - 0
  = ___

10   7
   - 3
   = ___

11   3
   - 3
   = ___

12   5
   - 2
   = ___

13   5
   - 0
   = ___

14   8
   - 1
   = ___

15   8
   - 2
   = ___

16   4
   - 3
   = ___

17   7
   - 1
   = ___

18   7
   - 1
   = ___

19   3
   - 2
   = ___

20   8
   - 0
   = ___

21   8
   - 0
   = ___

22   4
   - 2
   = ___

23   3
   - 1
   = ___

24   7
   - 2
   = ___

25   6
   - 2
   = ___

26   9
   - 2
   = ___

27   8
   - 3
   = ___

28   5
   - 0
   = ___

29   3
   - 2
   = ___

30   6
   - 2
   = ___

31   4
   - 0
   = ___

32   8
   - 3
   = ___

1 5 - 2 =	2 4 - 2 =	3 6 - 3 =	4 4 - 2 =
5 7 - 2 =	6 6 - 1 =	7 6 - 2 =	8 6 - 2 =
9 5 - 2 =	10 5 - 1 =	11 4 - 2 =	12 4 - 3 =
13 7 - 2 =	14 3 - 0 =	15 6 - 3 =	16 5 - 1 =
17 5 - 0 =	18 8 - 3 =	19 7 - 0 =	20 8 - 3 =
21 5 - 0 =	22 8 - 0 =	23 6 - 1 =	24 8 - 1 =
25 5 - 1 =	26 8 - 3 =	27 7 - 0 =	28 6 - 0 =
29 7 - 3 =	30 8 - 0 =	31 9 - 2 =	32 9 - 2 =

1 5
− 1
=

2 3
− 2
=

3 8
− 2
=

4 3
− 2
=

5 9
− 3
=

6 3
− 3
=

7 4
− 0
=

8 9
− 1
=

9 6
− 3
=

10 3
− 3
=

11 7
− 2
=

12 7
− 0
=

13 4
− 1
=

14 4
− 3
=

15 9
− 3
=

16 6
− 3
=

17 8
− 0
=

18 9
− 2
=

19 8
− 2
=

20 5
− 0
=

21 4
− 0
=

22 4
− 2
=

23 7
− 3
=

24 4
− 3
=

25 5
− 3
=

26 3
− 2
=

27 5
− 1
=

28 8
− 0
=

29 7
− 1
=

30 6
− 1
=

31 4
− 3
=

32 3
− 1
=

1 4 − 2 =	2 7 − 1 =	3 3 − 2 =	4 5 − 0 =
5 5 − 1 =	6 8 − 0 =	7 4 − 3 =	8 4 − 2 =
9 8 − 1 =	10 9 − 1 =	11 6 − 3 =	12 3 − 2 =
13 9 − 0 =	14 8 − 2 =	15 5 − 1 =	16 9 − 2 =
17 9 − 0 =	18 5 − 2 =	19 3 − 0 =	20 7 − 1 =
21 7 − 2 =	22 6 − 0 =	23 9 − 1 =	24 7 − 1 =
25 5 − 0 =	26 4 − 0 =	27 9 − 1 =	28 6 − 3 =
29 3 − 2 =	30 5 − 3 =	31 7 − 3 =	32 6 − 1 =

1 9 $- \quad 0$ $=$	2 3 $- \quad 2$ $=$	3 4 $- \quad 1$ $=$	4 4 $- \quad 0$ $=$
5 8 $- \quad 3$ $=$	6 6 $- \quad 0$ $=$	7 3 $- \quad 2$ $=$	8 6 $- \quad 3$ $=$
9 7 $- \quad 3$ $=$	10 7 $- \quad 3$ $=$	11 5 $- \quad 0$ $=$	12 7 $- \quad 2$ $=$
13 4 $- \quad 0$ $=$	14 9 $- \quad 2$ $=$	15 3 $- \quad 3$ $=$	16 4 $- \quad 3$ $=$
17 8 $- \quad 0$ $=$	18 7 $- \quad 2$ $=$	19 5 $- \quad 2$ $=$	20 6 $- \quad 1$ $=$
21 6 $- \quad 1$ $=$	22 6 $- \quad 3$ $=$	23 9 $- \quad 2$ $=$	24 4 $- \quad 0$ $=$
25 7 $- \quad 3$ $=$	26 5 $- \quad 3$ $=$	27 4 $- \quad 1$ $=$	28 3 $- \quad 2$ $=$
29 9 $- \quad 1$ $=$	30 6 $- \quad 3$ $=$	31 4 $- \quad 1$ $=$	32 6 $- \quad 0$ $=$

1 4 - 2 =	2 9 - 0 =	3 8 - 2 =	4 9 - 1 =
5 8 - 2 =	6 4 - 3 =	7 5 - 3 =	8 7 - 0 =
9 3 - 1 =	10 5 - 3 =	11 6 - 3 =	12 8 - 0 =
13 9 - 0 =	14 3 - 2 =	15 6 - 1 =	16 6 - 3 =
17 5 - 3 =	18 8 - 2 =	19 4 - 1 =	20 4 - 1 =
21 6 - 2 =	22 6 - 1 =	23 6 - 3 =	24 5 - 3 =
25 9 - 1 =	26 6 - 0 =	27 9 - 1 =	28 3 - 1 =
29 8 - 0 =	30 3 - 2 =	31 9 - 3 =	32 6 - 3 =

1   9
  - 0
  =

2   7
  - 2
  =

3   6
  - 1
  =

4   4
  - 1
  =

5   6
  - 0
  =

6   7
  - 2
  =

7   8
  - 1
  =

8   7
  - 2
  =

9   9
  - 3
  =

10   7
  - 0
  =

11   9
  - 0
  =

12   3
  - 2
  =

13   5
  - 1
  =

14   5
  - 2
  =

15   8
  - 2
  =

16   8
  - 3
  =

17   9
  - 0
  =

18   3
  - 0
  =

19   5
  - 2
  =

20   7
  - 3
  =

21   7
  - 2
  =

22   4
  - 3
  =

23   8
  - 2
  =

24   7
  - 3
  =

25   8
  - 1
  =

26   3
  - 1
  =

27   3
  - 2
  =

28   7
  - 3
  =

29   6
  - 2
  =

30   5
  - 1
  =

31   4
  - 2
  =

32   6
  - 1
  =

1 $\quad 9$ $-\ 1$ $=$	2 $\quad 6$ $-\ 1$ $=$	3 $\quad 4$ $-\ 1$ $=$	4 $\quad 9$ $-\ 3$ $=$
5 $\quad 9$ $-\ 3$ $=$	6 $\quad 7$ $-\ 3$ $=$	7 $\quad 5$ $-\ 2$ $=$	8 $\quad 7$ $-\ 2$ $=$
9 $\quad 3$ $-\ 0$ $=$	10 $\quad 5$ $-\ 0$ $=$	11 $\quad 9$ $-\ 1$ $=$	12 $\quad 4$ $-\ 2$ $=$
13 $\quad 8$ $-\ 2$ $=$	14 $\quad 9$ $-\ 2$ $=$	15 $\quad 3$ $-\ 1$ $=$	16 $\quad 8$ $-\ 3$ $=$
17 $\quad 8$ $-\ 3$ $=$	18 $\quad 7$ $-\ 2$ $=$	19 $\quad 9$ $-\ 0$ $=$	20 $\quad 9$ $-\ 0$ $=$
21 $\quad 4$ $-\ 0$ $=$	22 $\quad 8$ $-\ 0$ $=$	23 $\quad 7$ $-\ 2$ $=$	24 $\quad 3$ $-\ 2$ $=$
25 $\quad 4$ $-\ 0$ $=$	26 $\quad 9$ $-\ 1$ $=$	27 $\quad 7$ $-\ 3$ $=$	28 $\quad 6$ $-\ 2$ $=$
29 $\quad 3$ $-\ 0$ $=$	30 $\quad 6$ $-\ 2$ $=$	31 $\quad 5$ $-\ 0$ $=$	32 $\quad 8$ $-\ 2$ $=$

1 9 - 2 =	2 9 - 0 =	3 8 - 0 =	4 6 - 2 =
5 5 - 0 =	6 9 - 5 =	7 6 - 0 =	8 5 - 3 =
9 9 - 0 =	10 8 - 4 =	11 9 - 5 =	12 9 - 3 =
13 6 - 3 =	14 7 - 1 =	15 6 - 2 =	16 7 - 2 =
17 8 - 4 =	18 9 - 0 =	19 5 - 0 =	20 6 - 3 =
21 5 - 5 =	22 8 - 1 =	23 9 - 5 =	24 9 - 5 =
25 6 - 0 =	26 8 - 0 =	27 7 - 5 =	28 9 - 2 =
29 6 - 4 =	30 5 - 4 =	31 5 - 2 =	32 7 - 5 =

1 $6 - 0 =$	2 $7 - 5 =$	3 $9 - 4 =$	4 $7 - 4 =$
5 $9 - 4 =$	6 $7 - 1 =$	7 $9 - 0 =$	8 $5 - 3 =$
9 $5 - 1 =$	10 $5 - 2 =$	11 $9 - 2 =$	12 $9 - 1 =$
13 $7 - 1 =$	14 $5 - 1 =$	15 $7 - 3 =$	16 $8 - 0 =$
17 $9 - 3 =$	18 $8 - 3 =$	19 $6 - 4 =$	20 $9 - 3 =$
21 $7 - 3 =$	22 $8 - 5 =$	23 $9 - 1 =$	24 $6 - 5 =$
25 $5 - 3 =$	26 $5 - 5 =$	27 $6 - 0 =$	28 $7 - 1 =$
29 $9 - 3 =$	30 $8 - 2 =$	31 $7 - 0 =$	32 $6 - 0 =$

1	6 - 3 =	2	6 - 4 =	3	6 - 3 =	4	8 - 4 =
5	8 - 3 =	6	6 - 3 =	7	8 - 2 =	8	6 - 1 =
9	5 - 2 =	10	5 - 5 =	11	5 - 1 =	12	7 - 3 =
13	9 - 2 =	14	5 - 2 =	15	5 - 4 =	16	7 - 1 =
17	5 - 3 =	18	7 - 5 =	19	5 - 1 =	20	7 - 4 =
21	7 - 4 =	22	8 - 2 =	23	5 - 1 =	24	5 - 1 =
25	5 - 2 =	26	6 - 3 =	27	7 - 4 =	28	9 - 2 =
29	6 - 4 =	30	8 - 2 =	31	6 - 4 =	32	5 - 3 =

1 8 - 5 =	2 6 - 5 =	3 7 - 0 =	4 5 - 3 =
5 5 - 4 =	6 5 - 5 =	7 7 - 1 =	8 9 - 1 =
9 7 - 1 =	10 9 - 2 =	11 9 - 5 =	12 7 - 1 =
13 8 - 0 =	14 9 - 0 =	15 9 - 4 =	16 6 - 0 =
17 5 - 0 =	18 7 - 0 =	19 6 - 4 =	20 8 - 0 =
21 6 - 1 =	22 8 - 0 =	23 8 - 4 =	24 8 - 1 =
25 7 - 1 =	26 6 - 5 =	27 9 - 3 =	28 7 - 2 =
29 8 - 1 =	30 8 - 4 =	31 6 - 5 =	32 7 - 5 =

1 9 − 0 =	2 6 − 5 =	3 7 − 2 =	4 7 − 3 =
5 6 − 2 =	6 8 − 3 =	7 8 − 1 =	8 7 − 0 =
9 8 − 0 =	10 6 − 3 =	11 5 − 2 =	12 8 − 2 =
13 7 − 2 =	14 6 − 3 =	15 8 − 3 =	16 9 − 4 =
17 8 − 0 =	18 8 − 1 =	19 8 − 2 =	20 7 − 5 =
21 6 − 2 =	22 6 − 5 =	23 9 − 4 =	24 8 − 3 =
25 9 − 1 =	26 8 − 5 =	27 8 − 0 =	28 5 − 4 =
29 8 − 0 =	30 7 − 3 =	31 7 − 1 =	32 8 − 3 =

1 9
- 0
=

2 6
- 0
=

3 8
- 4
=

4 7
- 3
=

5 5
- 3
=

6 9
- 1
=

7 5
- 5
=

8 9
- 3
=

9 7
- 3
=

10 6
- 0
=

11 7
- 3
=

12 9
- 4
=

13 6
- 3
=

14 6
- 2
=

15 5
- 0
=

16 5
- 4
=

17 9
- 2
=

18 6
- 4
=

19 7
- 1
=

20 6
- 1
=

21 5
- 3
=

22 9
- 3
=

23 8
- 1
=

24 5
- 5
=

25 8
- 3
=

26 6
- 5
=

27 7
- 0
=

28 7
- 1
=

29 8
- 3
=

30 7
- 1
=

31 5
- 3
=

32 7
- 2
=

1	8 - 3 =	2	8 - 2 =	3	6 - 3 =	4	5 - 3 =

1   8
-   3
=

2   8
-   2
=

3   6
-   3
=

4   5
-   3
=

5   7
-   0
=

6   6
-   0
=

7   7
-   3
=

8   7
-   1
=

9   9
-   0
=

10   9
-   1
=

11   8
-   1
=

12   5
-   0
=

13   9
-   2
=

14   9
-   5
=

15   6
-   1
=

16   6
-   0
=

17   7
-   0
=

18   8
-   3
=

19   5
-   4
=

20   9
-   2
=

21   6
-   0
=

22   8
-   3
=

23   5
-   5
=

24   7
-   4
=

25   5
-   0
=

26   7
-   4
=

27   5
-   4
=

28   9
-   1
=

29   7
-   1
=

30   8
-   5
=

31   9
-   4
=

32   6
-   1
=

1   5
-    0
=

2   7
-    1
=

3   5
-    4
=

4   8
-    4
=

5   7
-    4
=

6   7
-    3
=

7   5
-    0
=

8   5
-    4
=

9   9
-    5
=

10   5
-    4
=

11   7
-    3
=

12   7
-    2
=

13   9
-    3
=

14   8
-    2
=

15   8
-    2
=

16   9
-    1
=

17   5
-    3
=

18   9
-    3
=

19   6
-    0
=

20   9
-    3
=

21   7
-    2
=

22   9
-    5
=

23   9
-    1
=

24   5
-    4
=

25   7
-    1
=

26   6
-    3
=

27   6
-    3
=

28   8
-    0
=

29   9
-    0
=

30   7
-    5
=

31   6
-    0
=

32   6
-    5
=

1	6	2	9	3	8	4	9
-	4	-	4	-	2	-	4
=		=		=		=	

5	9	6	6	7	6	8	6
-	1	-	3	-	2	-	4
=		=		=		=	

9	7	10	9	11	9	12	6
-	1	-	3	-	2	-	5
=		=		=		=	

13	7	14	6	15	6	16	7
-	3	-	1	-	3	-	4
=		=		=		=	

17	5	18	7	19	8	20	5
-	0	-	2	-	4	-	2
=		=		=		=	

21	5	22	7	23	5	24	6
-	4	-	3	-	2	-	0
=		=		=		=	

25	6	26	5	27	6	28	7
-	4	-	5	-	2	-	0
=		=		=		=	

29	7	30	9	31	7	32	7
-	2	-	3	-	0	-	5
=		=		=		=	

1	6	2	8	3	7	4	6
-	3	-	3	-	0	-	4
=		=		=		=	

5	8	6	9	7	8	8	7
-	4	-	1	-	2	-	3
=		=		=		=	

9	7	10	8	11	5	12	6
-	4	-	2	-	2	-	2
=		=		=		=	

13	5	14	6	15	8	16	5
-	1	-	2	-	2	-	1
=		=		=		=	

17	8	18	5	19	8	20	7
-	1	-	2	-	2	-	4
=		=		=		=	

21	6	22	8	23	8	24	5
-	0	-	0	-	3	-	5
=		=		=		=	

25	9	26	7	27	8	28	6
-	3	-	5	-	3	-	1
=		=		=		=	

29	6	30	9	31	9	32	9
-	0	-	0	-	4	-	3
=		=		=		=	

1	18 − 4 =	2	9 − 3 =	3	15 − 8 =	4	9 − 6 =

1   18 − 4 =

2   9 − 3 =

3   15 − 8 =

4   9 − 6 =

5   12 − 4 =

6   15 − 8 =

7   14 − 4 =

8   14 − 0 =

9   12 − 7 =

10   9 − 0 =

11   9 − 2 =

12   10 − 6 =

13   19 − 8 =

14   16 − 4 =

15   15 − 5 =

16   18 − 3 =

17   10 − 6 =

18   9 − 5 =

19   16 − 2 =

20   12 − 2 =

21   15 − 9 =

22   12 − 3 =

23   19 − 0 =

24   13 − 4 =

25   15 − 9 =

26   17 − 5 =

27   11 − 8 =

28   12 − 6 =

29   13 − 3 =

30   17 − 0 =

31   18 − 8 =

32   9 − 7 =

1 $\quad 17$ $-\quad 7$ $=$	2 $\quad 19$ $-\quad 7$ $=$	3 $\quad 18$ $-\quad 4$ $=$	4 $\quad 12$ $-\quad 4$ $=$
5 $\quad 17$ $-\quad 9$ $=$	6 $\quad 9$ $-\quad 8$ $=$	7 $\quad 11$ $-\quad 8$ $=$	8 $\quad 10$ $-\quad 1$ $=$
9 $\quad 14$ $-\quad 4$ $=$	10 $\quad 9$ $-\quad 1$ $=$	11 $\quad 11$ $-\quad 6$ $=$	12 $\quad 14$ $-\quad 1$ $=$
13 $\quad 9$ $-\quad 4$ $=$	14 $\quad 15$ $-\quad 2$ $=$	15 $\quad 12$ $-\quad 6$ $=$	16 $\quad 13$ $-\quad 9$ $=$
17 $\quad 19$ $-\quad 9$ $=$	18 $\quad 19$ $-\quad 3$ $=$	19 $\quad 14$ $-\quad 8$ $=$	20 $\quad 15$ $-\quad 2$ $=$
21 $\quad 16$ $-\quad 7$ $=$	22 $\quad 19$ $-\quad 0$ $=$	23 $\quad 14$ $-\quad 4$ $=$	24 $\quad 15$ $-\quad 7$ $=$
25 $\quad 12$ $-\quad 2$ $=$	26 $\quad 15$ $-\quad 7$ $=$	27 $\quad 9$ $-\quad 2$ $=$	28 $\quad 19$ $-\quad 1$ $=$
29 $\quad 19$ $-\quad 2$ $=$	30 $\quad 9$ $-\quad 9$ $=$	31 $\quad 9$ $-\quad 2$ $=$	32 $\quad 19$ $-\quad 7$ $=$

1 9
- 9
=

2 10
- 7
=

3 10
- 8
=

4 12
- 7
=

5 18
- 1
=

6 17
- 5
=

7 18
- 2
=

8 19
- 8
=

9 12
- 8
=

10 11
- 7
=

11 12
- 5
=

12 14
- 9
=

13 13
- 4
=

14 11
- 2
=

15 13
- 6
=

16 9
- 2
=

17 11
- 8
=

18 13
- 7
=

19 18
- 2
=

20 13
- 0
=

21 9
- 1
=

22 10
- 3
=

23 9
- 1
=

24 18
- 6
=

25 17
- 9
=

26 16
- 0
=

27 18
- 9
=

28 11
- 8
=

29 19
- 3
=

30 11
- 7
=

31 15
- 1
=

32 11
- 9
=

1 $\begin{array}{r} 11 \\ - \quad 3 \\ \hline = \end{array}$	2 $\begin{array}{r} 14 \\ - \quad 2 \\ \hline = \end{array}$	3 $\begin{array}{r} 13 \\ - \quad 9 \\ \hline = \end{array}$	4 $\begin{array}{r} 18 \\ - \quad 9 \\ \hline = \end{array}$
5 $\begin{array}{r} 15 \\ - \quad 4 \\ \hline = \end{array}$	6 $\begin{array}{r} 10 \\ - \quad 3 \\ \hline = \end{array}$	7 $\begin{array}{r} 19 \\ - \quad 7 \\ \hline = \end{array}$	8 $\begin{array}{r} 10 \\ - \quad 2 \\ \hline = \end{array}$
9 $\begin{array}{r} 9 \\ - \quad 5 \\ \hline = \end{array}$	10 $\begin{array}{r} 17 \\ - \quad 3 \\ \hline = \end{array}$	11 $\begin{array}{r} 16 \\ - \quad 2 \\ \hline = \end{array}$	12 $\begin{array}{r} 18 \\ - \quad 7 \\ \hline = \end{array}$
13 $\begin{array}{r} 14 \\ - \quad 4 \\ \hline = \end{array}$	14 $\begin{array}{r} 16 \\ - \quad 6 \\ \hline = \end{array}$	15 $\begin{array}{r} 9 \\ - \quad 8 \\ \hline = \end{array}$	16 $\begin{array}{r} 9 \\ - \quad 9 \\ \hline = \end{array}$
17 $\begin{array}{r} 17 \\ - \quad 1 \\ \hline = \end{array}$	18 $\begin{array}{r} 18 \\ - \quad 1 \\ \hline = \end{array}$	19 $\begin{array}{r} 16 \\ - \quad 3 \\ \hline = \end{array}$	20 $\begin{array}{r} 9 \\ - \quad 9 \\ \hline = \end{array}$
21 $\begin{array}{r} 16 \\ - \quad 4 \\ \hline = \end{array}$	22 $\begin{array}{r} 12 \\ - \quad 4 \\ \hline = \end{array}$	23 $\begin{array}{r} 18 \\ - \quad 9 \\ \hline = \end{array}$	24 $\begin{array}{r} 18 \\ - \quad 0 \\ \hline = \end{array}$
25 $\begin{array}{r} 11 \\ - \quad 0 \\ \hline = \end{array}$	26 $\begin{array}{r} 10 \\ - \quad 2 \\ \hline = \end{array}$	27 $\begin{array}{r} 10 \\ - \quad 2 \\ \hline = \end{array}$	28 $\begin{array}{r} 16 \\ - \quad 3 \\ \hline = \end{array}$
29 $\begin{array}{r} 17 \\ - \quad 9 \\ \hline = \end{array}$	30 $\begin{array}{r} 17 \\ - \quad 7 \\ \hline = \end{array}$	31 $\begin{array}{r} 15 \\ - \quad 7 \\ \hline = \end{array}$	32 $\begin{array}{r} 16 \\ - \quad 8 \\ \hline = \end{array}$

1	16 - 0 =	2	17 - 1 =	3	10 - 0 =	4	15 - 8 =
5	19 - 1 =	6	18 - 4 =	7	19 - 6 =	8	11 - 4 =
9	9 - 9 =	10	16 - 9 =	11	19 - 5 =	12	10 - 6 =
13	15 - 0 =	14	19 - 0 =	15	17 - 3 =	16	15 - 0 =
17	14 - 1 =	18	19 - 7 =	19	11 - 2 =	20	9 - 3 =
21	19 - 1 =	22	19 - 3 =	23	11 - 0 =	24	17 - 3 =
25	16 - 2 =	26	19 - 2 =	27	13 - 1 =	28	19 - 4 =
29	10 - 6 =	30	16 - 8 =	31	9 - 9 =	32	9 - 9 =

1 $19 - 5 =$	2 $16 - 0 =$	3 $10 - 8 =$	4 $19 - 4 =$
5 $14 - 6 =$	6 $16 - 4 =$	7 $10 - 4 =$	8 $13 - 2 =$
9 $12 - 5 =$	10 $19 - 8 =$	11 $14 - 5 =$	12 $18 - 6 =$
13 $18 - 1 =$	14 $19 - 2 =$	15 $19 - 5 =$	16 $9 - 3 =$
17 $19 - 1 =$	18 $15 - 2 =$	19 $15 - 6 =$	20 $14 - 3 =$
21 $18 - 0 =$	22 $10 - 5 =$	23 $11 - 3 =$	24 $16 - 9 =$
25 $16 - 3 =$	26 $18 - 2 =$	27 $19 - 6 =$	28 $18 - 0 =$
29 $10 - 4 =$	30 $13 - 3 =$	31 $19 - 4 =$	32 $14 - 1 =$

1 15 - 0 =	2 10 - 2 =	3 13 - 9 =	4 16 - 7 =
5 15 - 1 =	6 17 - 2 =	7 12 - 7 =	8 19 - 6 =
9 9 - 2 =	10 14 - 9 =	11 9 - 5 =	12 17 - 8 =
13 14 - 5 =	14 12 - 1 =	15 18 - 1 =	16 17 - 4 =
17 14 - 7 =	18 16 - 7 =	19 10 - 4 =	20 12 - 3 =
21 16 - 1 =	22 19 - 2 =	23 9 - 2 =	24 15 - 3 =
25 18 - 5 =	26 17 - 7 =	27 19 - 9 =	28 10 - 2 =
29 14 - 1 =	30 12 - 6 =	31 10 - 8 =	32 19 - 7 =

1 13 - 4 =	2 16 - 7 =	3 12 - 3 =	4 13 - 1 =
5 14 - 9 =	6 12 - 6 =	7 18 - 7 =	8 18 - 6 =
9 11 - 2 =	10 19 - 2 =	11 9 - 4 =	12 12 - 6 =
13 10 - 4 =	14 19 - 2 =	15 19 - 4 =	16 10 - 9 =
17 19 - 7 =	18 13 - 2 =	19 12 - 2 =	20 12 - 6 =
21 17 - 4 =	22 15 - 9 =	23 16 - 9 =	24 12 - 5 =
25 11 - 4 =	26 10 - 1 =	27 18 - 2 =	28 16 - 5 =
29 16 - 6 =	30 16 - 4 =	31 13 - 0 =	32 15 - 9 =

| 1 | 19
- 9
= | 2 | 17
- 2
= | 3 | 18
- 9
= | 4 | 18
- 5
= |

| 5 | 17
- 0
= | 6 | 17
- 5
= | 7 | 19
- 9
= | 8 | 16
- 9
= |

| 9 | 15
- 5
= | 10 | 13
- 4
= | 11 | 12
- 3
= | 12 | 15
- 3
= |

| 13 | 18
- 8
= | 14 | 9
- 3
= | 15 | 18
- 2
= | 16 | 18
- 3
= |

| 17 | 16
- 7
= | 18 | 13
- 5
= | 19 | 15
- 2
= | 20 | 15
- 1
= |

| 21 | 11
- 2
= | 22 | 15
- 5
= | 23 | 12
- 6
= | 24 | 14
- 3
= |

| 25 | 17
- 5
= | 26 | 14
- 2
= | 27 | 13
- 7
= | 28 | 15
- 2
= |

| 29 | 10
- 2
= | 30 | 14
- 0
= | 31 | 14
- 4
= | 32 | 12
- 7
= |

1 9 - 1 =	2 11 - 0 =	3 17 - 6 =	4 10 - 8 =
5 13 - 1 =	6 16 - 8 =	7 11 - 1 =	8 15 - 8 =
9 16 - 0 =	10 10 - 0 =	11 11 - 5 =	12 9 - 5 =
13 13 - 3 =	14 16 - 0 =	15 19 - 5 =	16 14 - 6 =
17 10 - 1 =	18 18 - 4 =	19 9 - 6 =	20 10 - 2 =
21 17 - 6 =	22 12 - 8 =	23 14 - 7 =	24 19 - 7 =
25 10 - 5 =	26 14 - 2 =	27 15 - 2 =	28 11 - 1 =
29 17 - 6 =	30 9 - 2 =	31 12 - 7 =	32 14 - 5 =

ADDITION AND SUBSTRACTION

1 5 + 5 =	2 9 - 5 =	3 8 + 0 =	4 8 - 3 =
5 5 + 2 =	6 7 - 1 =	7 5 + 5 =	8 7 - 4 =
9 6 - 5 =	10 6 + 1 =	11 9 - 2 =	12 9 + 5 =
13 8 + 2 =	14 7 - 2 =	15 6 + 5 =	16 5 - 4 =
17 6 - 0 =	18 6 + 2 =	19 9 - 4 =	20 5 + 4 =
21 9 + 5 =	22 5 - 3 =	23 5 + 0 =	24 9 + 2 =
25 7 + 5 =	26 7 - 2 =	27 5 - 5 =	28 6 + 2 =
29 6 - 1 =	30 7 + 1 =	31 5 - 3 =	32 8 + 5 =

1
   9
+ 2
=

2
   5
- 5
=

3
   6
+ 3
=

4
   9
- 0
=

5
   7
+ 0
=

6
   7
- 3
=

7
   8
+ 1
=

8
   5
- 2
=

9
   6
- 5
=

10
   7
+ 4
=

11
   9
- 2
=

12
   8
+ 3
=

13
   6
+ 1
=

14
   7
- 4
=

15
   5
+ 5
=

16
   6
- 5
=

17
   5
- 3
=

18
   8
+ 5
=

19
   8
- 3
=

20
   7
+ 3
=

21
   5
+ 4
=

22
   8
- 4
=

23
   5
+ 5
=

24
   7
+ 1
=

25
   8
+ 3
=

26
   8
- 1
=

27
   8
- 2
=

28
   8
+ 5
=

29
   9
- 2
=

30
   7
+ 3
=

31
   9
- 3
=

32
   5
+ 4
=

1	7 + 1 =	2	6 - 4 =	3	7 + 5 =	4	7 - 0 =
5	6 + 4 =	6	7 - 0 =	7	6 + 5 =	8	8 - 3 =
9	8 - 0 =	10	8 + 4 =	11	6 - 0 =	12	8 + 4 =
13	9 + 3 =	14	7 - 0 =	15	7 + 4 =	16	6 - 3 =
17	7 - 0 =	18	7 + 4 =	19	9 - 5 =	20	8 + 5 =
21	5 + 4 =	22	6 - 1 =	23	7 + 2 =	24	9 + 0 =
25	9 + 1 =	26	9 - 5 =	27	6 - 2 =	28	7 + 3 =
29	5 - 4 =	30	7 + 0 =	31	6 - 1 =	32	6 + 1 =

1	8	2	8	3	8	4	7
+	1	-	3	+	4	-	3
=		=		=		=	

5	9	6	5	7	9	8	5
+	5	-	5	+	0	-	0
=		=		=		=	

9	9	10	5	11	8	12	5
-	5	+	1	-	2	+	3
=		=		=		=	

13	6	14	8	15	5	16	5
+	1	-	1	+	0	-	1
=		=		=		=	

17	9	18	6	19	7	20	8
-	4	+	1	-	2	+	3
=		=		=		=	

21	6	22	9	23	6	24	9
+	4	-	5	+	0	+	3
=		=		=		=	

25	8	26	9	27	6	28	5
+	1	-	2	-	3	+	4
=		=		=		=	

29	7	30	5	31	8	32	8
-	5	+	0	-	4	+	2
=		=		=		=	

| 1 | 9
+ 4
= | 2 | 5
- 2
= | 3 | 5
+ 5
= | 4 | 9
- 1
= |

1. 9 + 4 =
2. 5 - 2 =
3. 5 + 5 =
4. 9 - 1 =

5. 5 + 3 =
6. 6 - 4 =
7. 8 + 4 =
8. 5 - 4 =

9. 8 - 5 =
10. 6 + 1 =
11. 6 - 5 =
12. 7 + 2 =

13. 6 + 0 =
14. 5 - 5 =
15. 9 + 4 =
16. 8 - 3 =

17. 9 - 2 =
18. 6 + 0 =
19. 7 - 2 =
20. 9 + 5 =

21. 5 + 5 =
22. 6 - 1 =
23. 7 + 1 =
24. 6 + 4 =

25. 5 + 2 =
26. 7 - 4 =
27. 7 - 5 =
28. 8 + 5 =

29. 5 - 5 =
30. 9 + 4 =
31. 8 - 1 =
32. 6 + 5 =

1 9 $+ \; 3$ $=$	2 8 $- \; 0$ $=$	3 6 $+ \; 4$ $=$	4 9 $- \; 1$ $=$
5 8 $+ \; 5$ $=$	6 8 $- \; 0$ $=$	7 5 $+ \; 3$ $=$	8 5 $- \; 2$ $=$
9 9 $- \; 0$ $=$	10 5 $+ \; 1$ $=$	11 6 $- \; 5$ $=$	12 9 $+ \; 4$ $=$
13 6 $+ \; 5$ $=$	14 7 $- \; 0$ $=$	15 8 $+ \; 2$ $=$	16 8 $- \; 3$ $=$
17 7 $- \; 5$ $=$	18 5 $+ \; 0$ $=$	19 6 $- \; 2$ $=$	20 6 $+ \; 1$ $=$
21 8 $+ \; 2$ $=$	22 9 $- \; 1$ $=$	23 5 $+ \; 0$ $=$	24 6 $+ \; 4$ $=$
25 5 $+ \; 4$ $=$	26 8 $- \; 2$ $=$	27 6 $- \; 1$ $=$	28 5 $+ \; 0$ $=$
29 9 $- \; 0$ $=$	30 9 $+ \; 5$ $=$	31 8 $- \; 5$ $=$	32 5 $+ \; 0$ $=$

1	7 + 4 =	2	9 - 3 =	3	8 + 4 =	4	6 - 4 =
5	5 + 4 =	6	5 - 2 =	7	6 + 4 =	8	8 - 2 =
9	6 - 2 =	10	9 + 4 =	11	7 - 2 =	12	5 + 0 =
13	8 + 3 =	14	7 - 2 =	15	8 + 5 =	16	8 - 5 =
17	7 - 1 =	18	8 + 4 =	19	6 - 4 =	20	9 + 0 =
21	7 + 3 =	22	9 - 2 =	23	5 + 5 =	24	5 + 4 =
25	8 + 1 =	26	8 - 4 =	27	9 - 1 =	28	7 + 3 =
29	6 - 0 =	30	6 + 3 =	31	5 - 3 =	32	7 + 2 =

1	8	2	5
	+ 2	- 0	+ 4
	=	=	=

1   8
+   2
=

2   5
-    0
=

3   8
+   4
=

4   5
-    5
=

5   9
+   1
=

6   5
-    5
=

7   6
+   4
=

8   5
-    2
=

9   5
-    4
=

10   5
+   5
=

11   8
-    4
=

12   7
+   5
=

13   9
+   4
=

14   6
-    0
=

15   8
+   1
=

16   6
-    2
=

17   6
-    0
=

18   5
+   3
=

19   8
-    1
=

20   5
+   5
=

21   9
+   2
=

22   8
-    3
=

23   8
+   4
=

24   6
+   5
=

25   5
+   0
=

26   9
-    3
=

27   8
-    5
=

28   8
+   3
=

29   7
-    3
=

30   9
+   3
=

31   6
-    3
=

32   9
+   1
=

1   7
+   0
=

2   9
-   3
=

3   5
+   5
=

4   7
-   4
=

5   8
+   0
=

6   5
-   4
=

7   9
+   0
=

8   6
-   1
=

9   5
-   4
=

10   5
+   4
=

11   7
-   1
=

12   6
+   2
=

13   9
+   2
=

14   5
-   3
=

15   5
+   4
=

16   8
-   0
=

17   6
-   2
=

18   7
+   4
=

19   9
-   4
=

20   8
+   1
=

21   7
+   4
=

22   9
-   1
=

23   6
+   0
=

24   9
+   3
=

25   6
+   2
=

26   7
-   5
=

27   7
-   4
=

28   9
+   1
=

29   6
-   1
=

30   5
+   3
=

31   6
-   2
=

32   9
+   3
=

1
$$\begin{array}{r} 8 \\ + \ 2 \\ \hline = \end{array}$$

2
$$\begin{array}{r} 5 \\ - \ 2 \\ \hline = \end{array}$$

3
$$\begin{array}{r} 5 \\ + \ 3 \\ \hline = \end{array}$$

4
$$\begin{array}{r} 7 \\ - \ 2 \\ \hline = \end{array}$$

5
$$\begin{array}{r} 6 \\ + \ 0 \\ \hline = \end{array}$$

6
$$\begin{array}{r} 9 \\ - \ 2 \\ \hline = \end{array}$$

7
$$\begin{array}{r} 8 \\ + \ 3 \\ \hline = \end{array}$$

8
$$\begin{array}{r} 9 \\ - \ 1 \\ \hline = \end{array}$$

9
$$\begin{array}{r} 6 \\ - \ 1 \\ \hline = \end{array}$$

10
$$\begin{array}{r} 8 \\ + \ 5 \\ \hline = \end{array}$$

11
$$\begin{array}{r} 5 \\ - \ 1 \\ \hline = \end{array}$$

12
$$\begin{array}{r} 8 \\ + \ 3 \\ \hline = \end{array}$$

13
$$\begin{array}{r} 7 \\ + \ 4 \\ \hline = \end{array}$$

14
$$\begin{array}{r} 6 \\ - \ 1 \\ \hline = \end{array}$$

15
$$\begin{array}{r} 6 \\ + \ 2 \\ \hline = \end{array}$$

16
$$\begin{array}{r} 9 \\ - \ 4 \\ \hline = \end{array}$$

17
$$\begin{array}{r} 7 \\ - \ 5 \\ \hline = \end{array}$$

18
$$\begin{array}{r} 8 \\ + \ 1 \\ \hline = \end{array}$$

19
$$\begin{array}{r} 7 \\ - \ 3 \\ \hline = \end{array}$$

20
$$\begin{array}{r} 7 \\ + \ 4 \\ \hline = \end{array}$$

21
$$\begin{array}{r} 7 \\ + \ 5 \\ \hline = \end{array}$$

22
$$\begin{array}{r} 6 \\ - \ 3 \\ \hline = \end{array}$$

23
$$\begin{array}{r} 5 \\ + \ 1 \\ \hline = \end{array}$$

24
$$\begin{array}{r} 7 \\ + \ 3 \\ \hline = \end{array}$$

25
$$\begin{array}{r} 5 \\ + \ 3 \\ \hline = \end{array}$$

26
$$\begin{array}{r} 7 \\ - \ 1 \\ \hline = \end{array}$$

27
$$\begin{array}{r} 7 \\ - \ 3 \\ \hline = \end{array}$$

28
$$\begin{array}{r} 7 \\ + \ 3 \\ \hline = \end{array}$$

29
$$\begin{array}{r} 6 \\ - \ 0 \\ \hline = \end{array}$$

30
$$\begin{array}{r} 7 \\ + \ 5 \\ \hline = \end{array}$$

31
$$\begin{array}{r} 7 \\ - \ 5 \\ \hline = \end{array}$$

32
$$\begin{array}{r} 7 \\ + \ 3 \\ \hline = \end{array}$$

1 28 + 6 =	2 26 - 14 =	3 22 + 9 =	4 23 - 14 =
5 21 + 10 =	6 18 - 9 =	7 30 + 2 =	8 20 - 6 =
9 29 - 6 =	10 22 + 14 =	11 16 - 2 =	12 28 + 18 =
13 20 + 18 =	14 27 - 8 =	15 28 + 12 =	16 20 - 14 =
17 26 - 5 =	18 24 + 19 =	19 18 - 15 =	20 26 + 4 =
21 30 + 7 =	22 29 - 7 =	23 24 + 4 =	24 21 + 2 =
25 28 + 11 =	26 25 - 7 =	27 22 - 12 =	28 24 + 15 =
29 26 - 0 =	30 24 + 11 =	31 26 - 5 =	32 25 + 9 =

1 $\quad$ 30 + $\quad$ 14 =	2 $\quad$ 16 - $\quad$ 6 =	3 $\quad$ 21 + $\quad$ 2 =	4 $\quad$ 22 - $\quad$ 9 =
5 $\quad$ 29 + $\quad$ 9 =	6 $\quad$ 17 - $\quad$ 4 =	7 $\quad$ 25 + $\quad$ 3 =	8 $\quad$ 18 - $\quad$ 9 =
9 $\quad$ 16 - $\quad$ 10 =	10 $\quad$ 20 + $\quad$ 9 =	11 $\quad$ 24 - $\quad$ 8 =	12 $\quad$ 26 + $\quad$ 7 =
13 $\quad$ 28 + $\quad$ 7 =	14 $\quad$ 29 - $\quad$ 9 =	15 $\quad$ 28 + $\quad$ 12 =	16 $\quad$ 23 - $\quad$ 12 =
17 $\quad$ 17 - $\quad$ 2 =	18 $\quad$ 23 + $\quad$ 20 =	19 $\quad$ 22 - $\quad$ 5 =	20 $\quad$ 22 + $\quad$ 16 =
21 $\quad$ 25 + $\quad$ 0 =	22 $\quad$ 24 - $\quad$ 2 =	23 $\quad$ 24 + $\quad$ 10 =	24 $\quad$ 25 + $\quad$ 5 =
25 $\quad$ 27 + $\quad$ 4 =	26 $\quad$ 25 - $\quad$ 14 =	27 $\quad$ 23 - $\quad$ 4 =	28 $\quad$ 22 + $\quad$ 9 =
29 $\quad$ 23 - $\quad$ 0 =	30 $\quad$ 20 + $\quad$ 12 =	31 $\quad$ 20 - $\quad$ 15 =	32 $\quad$ 20 + $\quad$ 19 =

1 29
+ 14
=

2 30
- 14
=

3 24
+ 2
=

4 30
- 9
=

5 23
+ 5
=

6 21
- 9
=

7 25
+ 5
=

8 29
- 5
=

9 23
- 3
=

10 30
+ 18
=

11 26
- 6
=

12 28
+ 6
=

13 27
+ 19
=

14 21
- 10
=

15 21
+ 3
=

16 30
- 5
=

17 19
- 15
=

18 30
+ 3
=

19 30
- 11
=

20 25
+ 0
=

21 20
+ 11
=

22 18
- 8
=

23 26
+ 4
=

24 23
+ 9
=

25 24
+ 10
=

26 26
- 10
=

27 20
- 1
=

28 29
+ 17
=

29 29
- 5
=

30 27
+ 6
=

31 17
- 14
=

32 23
+ 12
=

1   26
+   6
=

2   26
-   11
=

3   20
+   20
=

4   29
-    4
=

5   23
+   14
=

6   28
-    3
=

7   29
+   10
=

8   24
-    2
=

9   23
-    4
=

10   22
+   17
=

11   16
-    6
=

12   21
+   3
=

13   20
+   9
=

14   25
-    9
=

15   23
+   5
=

16   25
-    9
=

17   15
-   14
=

18   27
+   14
=

19   26
-   10
=

20   22
+   19
=

21   28
+   1
=

22   27
-    4
=

23   20
+   2
=

24   28
+   3
=

25   23
+   3
=

26   23
-    0
=

27   26
-    2
=

28   24
+   14
=

29   29
-    3
=

30   24
+   14
=

31   20
-    3
=

32   24
+   2
=

1 $\begin{array}{r} 27 \\ +\ 6 \\ \hline = \end{array}$	**2** $\begin{array}{r} 25 \\ -\ 11 \\ \hline = \end{array}$	**3** $\begin{array}{r} 25 \\ +\ 4 \\ \hline = \end{array}$	**4** $\begin{array}{r} 21 \\ -\ 9 \\ \hline = \end{array}$
5 $\begin{array}{r} 25 \\ +\ 0 \\ \hline = \end{array}$	**6** $\begin{array}{r} 20 \\ -\ 9 \\ \hline = \end{array}$	**7** $\begin{array}{r} 23 \\ +\ 15 \\ \hline = \end{array}$	**8** $\begin{array}{r} 27 \\ -\ 5 \\ \hline = \end{array}$
9 $\begin{array}{r} 26 \\ -\ 4 \\ \hline = \end{array}$	**10** $\begin{array}{r} 23 \\ +\ 19 \\ \hline = \end{array}$	**11** $\begin{array}{r} 25 \\ -\ 1 \\ \hline = \end{array}$	**12** $\begin{array}{r} 26 \\ +\ 3 \\ \hline = \end{array}$
13 $\begin{array}{r} 24 \\ +\ 12 \\ \hline = \end{array}$	**14** $\begin{array}{r} 23 \\ -\ 3 \\ \hline = \end{array}$	**15** $\begin{array}{r} 24 \\ +\ 4 \\ \hline = \end{array}$	**16** $\begin{array}{r} 24 \\ -\ 9 \\ \hline = \end{array}$
17 $\begin{array}{r} 20 \\ -\ 8 \\ \hline = \end{array}$	**18** $\begin{array}{r} 20 \\ +\ 13 \\ \hline = \end{array}$	**19** $\begin{array}{r} 30 \\ -\ 8 \\ \hline = \end{array}$	**20** $\begin{array}{r} 25 \\ +\ 3 \\ \hline = \end{array}$
21 $\begin{array}{r} 21 \\ +\ 8 \\ \hline = \end{array}$	**22** $\begin{array}{r} 30 \\ -\ 1 \\ \hline = \end{array}$	**23** $\begin{array}{r} 24 \\ +\ 4 \\ \hline = \end{array}$	**24** $\begin{array}{r} 21 \\ +\ 17 \\ \hline = \end{array}$
25 $\begin{array}{r} 25 \\ +\ 13 \\ \hline = \end{array}$	**26** $\begin{array}{r} 19 \\ -\ 8 \\ \hline = \end{array}$	**27** $\begin{array}{r} 16 \\ -\ 3 \\ \hline = \end{array}$	**28** $\begin{array}{r} 28 \\ +\ 11 \\ \hline = \end{array}$
29 $\begin{array}{r} 25 \\ -\ 7 \\ \hline = \end{array}$	**30** $\begin{array}{r} 24 \\ +\ 7 \\ \hline = \end{array}$	**31** $\begin{array}{r} 17 \\ -\ 8 \\ \hline = \end{array}$	**32** $\begin{array}{r} 30 \\ +\ 20 \\ \hline = \end{array}$

1 28 + 16 =	2 30 - 8 =	3 22 + 0 =	4 20 - 14 =
5 21 + 14 =	6 17 - 5 =	7 29 + 12 =	8 27 - 10 =
9 17 - 7 =	10 30 + 5 =	11 19 - 5 =	12 25 + 6 =
13 22 + 20 =	14 21 - 4 =	15 29 + 18 =	16 17 - 7 =
17 20 - 13 =	18 23 + 17 =	19 17 - 11 =	20 29 + 13 =
21 29 + 8 =	22 22 - 1 =	23 25 + 7 =	24 20 + 17 =
25 27 + 0 =	26 25 - 1 =	27 15 - 11 =	28 24 + 8 =
29 27 - 6 =	30 24 + 0 =	31 16 - 3 =	32 21 + 12 =

1 $\quad$ 25 + $\quad$ 15 =	2 $\quad$ 23 - $\quad$ 15 =	3 $\quad$ 29 + $\quad$ 18 =	4 $\quad$ 15 - $\quad$ 14 =
5 $\quad$ 28 + $\quad$ 16 =	6 $\quad$ 26 - $\quad$ 4 =	7 $\quad$ 23 + $\quad$ 6 =	8 $\quad$ 23 - $\quad$ 3 =
9 $\quad$ 27 - $\quad$ 8 =	10 $\quad$ 30 + $\quad$ 12 =	11 $\quad$ 24 - $\quad$ 9 =	12 $\quad$ 26 + $\quad$ 0 =
13 $\quad$ 21 + $\quad$ 7 =	14 $\quad$ 21 - $\quad$ 3 =	15 $\quad$ 28 + $\quad$ 1 =	16 $\quad$ 17 - $\quad$ 10 =
17 $\quad$ 17 - $\quad$ 7 =	18 $\quad$ 30 + $\quad$ 7 =	19 $\quad$ 19 - $\quad$ 5 =	20 $\quad$ 30 + $\quad$ 17 =
21 $\quad$ 22 + $\quad$ 7 =	22 $\quad$ 30 - $\quad$ 12 =	23 $\quad$ 21 + $\quad$ 9 =	24 $\quad$ 21 + $\quad$ 1 =
25 $\quad$ 28 + $\quad$ 10 =	26 $\quad$ 30 - $\quad$ 5 =	27 $\quad$ 16 - $\quad$ 5 =	28 $\quad$ 29 + $\quad$ 0 =
29 $\quad$ 29 - $\quad$ 11 =	30 $\quad$ 28 + $\quad$ 17 =	31 $\quad$ 28 - $\quad$ 7 =	32 $\quad$ 24 + $\quad$ 7 =

1	30 + 1 =	2	18 - 3 =	3	22 + 4 =	4	15 - 10 =
5	20 + 15 =	6	23 - 4 =	7	28 + 3 =	8	16 - 11 =
9	20 - 7 =	10	20 + 7 =	11	18 - 0 =	12	30 + 14 =
13	30 + 20 =	14	15 - 7 =	15	20 + 8 =	16	18 - 5 =
17	15 - 15 =	18	21 + 4 =	19	27 - 4 =	20	27 + 20 =
21	29 + 17 =	22	18 - 13 =	23	29 + 20 =	24	22 + 5 =
25	22 + 3 =	26	26 - 13 =	27	28 - 1 =	28	27 + 17 =
29	21 - 3 =	30	25 + 7 =	31	15 - 5 =	32	21 + 13 =

1   27
+   2
=

2   21
-    1
=

3   28
+   0
=

4   20
-    6
=

5   21
+   13
=

6   30
-    2
=

7   23
+   8
=

8   17
-    0
=

9   18
-    5
=

10   22
+   9
=

11   19
-    4
=

12   26
+   20
=

13   26
+   9
=

14   22
-    1
=

15   25
+   16
=

16   26
-   14
=

17   26
-    4
=

18   22
+   6
=

19   22
-    6
=

20   26
+   8
=

21   22
+   5
=

22   27
-   11
=

23   24
+   4
=

24   29
+   3
=

25   29
+   3
=

26   20
-    5
=

27   23
-    6
=

28   22
+   12
=

29   20
-    3
=

30   20
+   12
=

31   25
-    2
=

32   28
+   14
=

1 24 + 2 =	2 18 − 15 =	3 28 + 1 =	4 27 − 15 =
5 30 + 19 =	6 24 − 8 =	7 23 + 4 =	8 25 − 14 =
9 30 − 15 =	10 25 + 14 =	11 20 − 3 =	12 23 + 3 =
13 28 + 0 =	14 20 − 14 =	15 25 + 17 =	16 19 − 15 =
17 26 − 13 =	18 30 + 16 =	19 25 − 9 =	20 24 + 13 =
21 21 + 2 =	22 20 − 10 =	23 21 + 16 =	24 29 + 12 =
25 24 + 6 =	26 27 − 14 =	27 30 − 4 =	28 21 + 3 =
29 30 − 14 =	30 27 + 7 =	31 30 − 8 =	32 29 + 7 =